# LE
# DÉLUGE DE NOÉ

PAR

## M. LE Dr PH. DE FILIPPI

PROFESSEUR DE ZOOLOGIE A L'UNIVERSITÉ DE TURIN, MEMBRE DE
L'ACADÉMIE ROYALE DES SCIENCES, etc., etc.

Traduit de l'italien

## PAR ARMAND POMMIER

Traducteur de la *Création terrestre*, ouvrage du même auteur.

PARIS,

LIBRAIRIE CENTRALE DES SCIENCES DE LEIBER & COMELLY

13, rue de Seine-Saint-Germain, 13.

1858.

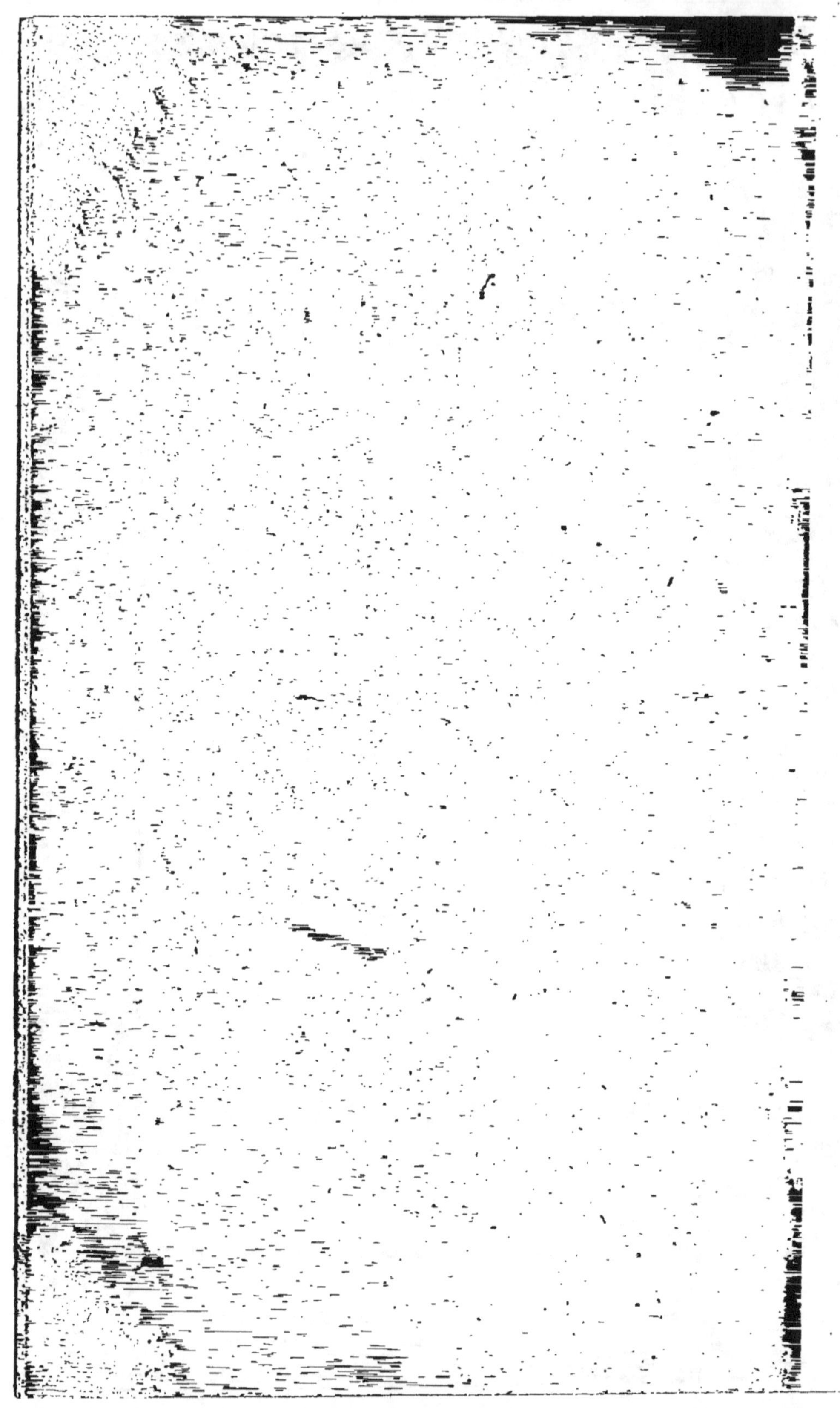

LE

# DÉLUGE DE NOÉ.

BEAUNE. — IMPRIMERIE A. LAMBERT.

# LE
# DÉLUGE DE NOÉ

PAR

## F. DE FILIPPI,

PROFESSEUR A L'UNIVERSITÉ ROYALE DE TURIN,

Traduit de l'italien

Par ARMAND POMMIER,

Traducteur de la *Création terrestre*, ouvrage du même auteur,
publié dans l'*Ami des Sciences*.

PARIS,

LIBRAIRIE CENTRALE DES SCIENCES DE HEIBER & COMMELIN,

13, rue de Seine-Saint-Germain, 13.

—

1858.

AU DOCTEUR ANGELO FAVA.

---

Tu n'as pas oublié, sans doute, une conversation que nous eûmes avec le comte César Balbo, un soir de mil huit cent quarante-neuf. A peine avions-nous échangé les saluts et les petites nouvelles du jour, que nous en vînmes à observer, par hasard, qu'au moment même où l'on ne parlait que de fraternité et où l'on ne jurait que par son nom, jamais elle n'avait été d'une pratique aussi raré. Parmi les nombreuses contradictions de cette époque fébrile, nous nous entretînmes particulièrement de la tentative, reprise encore, de faire des races humaines autant d'espèces zoologiques, vraies et distinctes, par une application fausse et abusive des méthodes de l'histoire naturelle. Il ressortait clairement de cette tentative, que l'une des espèces du genre *Homme*, précisément celle qui avait fait cette belle découverte, devait se considérer comme supérieure aux autres, et avoir sur ces dernières la même autorité que sur les bêtes de somme. Nous disputâmes d'abord si une doctrine si étrange, qui ne nous semblait pas très-fraternelle, était conforme ou contraire à l'esprit des temps, — et les bonnes raisons ne manquèrent point de part et d'autre; mais, peu à peu, la chose passa du ton d'une plaisanterie animée à un caractère sérieux, et, à la fin, chacun de nous voulut monter en chaire et se laissa entraîner par les questions secondaires qui se présentaient fréquemment. Il n'y avait pas désaccord d'opinions: cependant la conversation menaçait de se prolonger à l'infini, et nous ne paraissions pas devoir nous rassasier de la science inépuisable, de la parole lucide, pleine de verve, de l'illustre auteur des *Méditations Historiques*. Avec une véritable abondance de critique le comte Balbo s'efforça de prouver la vérité historique d'un seul Adam, la dispersion des peuples primitifs : c'étaient, pour ainsi dire, ses méditations V et VI, encore embellies par la forme nouvelle et improvisée dans laquelle il les reproduisait. Tu suivais attentivement son argumentation : tantôt l'appuyant par de nouveaux faits historiques et etnographiques, tantôt provoquant des répliques par des observations faites à propos et avec mesure. Quant à moi, je n'avais en vue que le côté physique de la question ; j'essayai de prouver que, si l'on veut consulter les Sciences Naturelles sur l'unité de l'espèce humaine, l'affirmative ne saurait être douteuse. J'exposai même une idée qui depuis longtemps déjà revenait souvent me préoccuper : que l'on devait voir, dans la division de l'espèce humaine en trois races primitives, une conséquence, un effet naturel du déluge.

L'agréable intimité de cette conversation avait excité en nous une ardeur extraordinaire; aussi, après avoir pris congé de notre digne hôte, convînmes-nous de donner, à nous deux, un peu de forme et de développement aux choses dites et entendues ce soir-là ; d'en faire l'objet d'un travail en commun et de le livrer à l'appréciation du public. Ce qui est arrivé depuis cette époque, l'Italie entière le sait. La mort du comte Balbo survint comme une de ces calamités dont la grandeur ne se mesure qu'avec le temps; et, s'il ne semblait pas que ce fut vanité ou prétexte puéril d'y rattacher la négligence apportée à l'exécution de notre projet, je ne voudrais pas chercher d'autres raisons pour la justifier.

Le fait est que depuis cette soirée nous reparlâmes souvent de notre programme, en en différant toujours l'exécution. Plus d'une fois j'essayai de développer au moins la partie qui me concerne; mais, si le grand intérêt de l'argument me donnait du courage, je le perdais du nouveau si je considérais les nombreuses difficultés de son exécution. Tout en oscillant ainsi entre le désir et la peur de l'entreprise, j'ai découvert un moyen terme, qui est de faire la chose par moitié. Telle est donc l'origine de cet écrit, qu'on doit considérer comme le plan d'un ouvrage, possible selon moi, et qui n'aurait besoin, pour être complètement achevé, que de l'entier développement, avec tous les arguments opportuns, de chacune des parties que je me suis appliqué à disposer de la manière la plus convenable à mon but principal.

Quiconque reporte sa pensée sur cette longue série de vicissitudes cosmiques qui eut pour fin, et probablement pour résultat, l'apparition de l'homme sur la face du globe, est saisi par un tourbillon d'idées si puissant qu'il voit s'évanouir la confiance en ses forces, et qu'il manque d'haleine comme de courage pour continuer ses investigations. Toutes les questions qui occupèrent depuis des siècles l'intelligence humaine, ces mêmes questions qui d'un consentement unanime arrivèrent à une solution, se présentent en foule de nouveau, avec l'âpreté originaire, et de telle sorte qu'on ne pourrait en discuter une seule sans appliquer le même examen à toutes les autres, sans être presque entraîné à retisser depuis le commencement cette grande toile de Pénélope, désespérant de conquérir nous-mêmes le progrès que nous n'accepterions pas du travail des siècles précédents.

Ce qui rend cette position encore plus difficile, c'est que de temps à autre quelques-unes des vérités, que le consentement général consacré par les siècles considère comme clairement démontrées et tient pour fondamentales, sont remises, au moins momentanément, à l'état de problème, que personne ne peut laisser derrière soi, qu'il faut en conséquence rediscuter avec une perte inutile de force et de temps.

Que de controverses, que de volumes ne se sont pas succédé à l'égard du Déluge historique, sans qu'il y ait apparence de voir enfin toutes les opinions se confondre et s'embrasser! Toutes les siences furent invoquées et mises à contribution, dans l'unique but, tantôt de nier, tantôt de constater la réalité de cet évènement, rappelé dans les traditions de peuples si nombreux et si divers, dans les premiers monuments que l'homme a transmis à la postérité, enfin dans les pages de la Bible. Je n'assume pas la tâche ingrate de faire passer sous les yeux des lecteurs les mille opinions diverses émises jusqu'ici sur ce sujet vaste et complexe, car la plus grande partie d'entre elles sont aussi extravagantes que fantasques. Mon but est de considérer ce grand évènement comme un épisode de l'histoire physique du globe : mon premier soin sera donc de laisser de côté, non-seulement toute prévention, mais aussi tout critérium hétérogène : et, puisque la nature du sujet le comporte, de conduire la discussion avec les principes et les arguments fournis par l'histoire naturelle. Je voudrais pouvoir te décider à reprendre ce même sujet avec les données de l'histoire et de l'etnographie, moyens à l'usage desquels je me sens tout-à-fait impropre. Ne crois pas que ce travail soit inutile. Le sujet est repris de nouveau dans quelques écrits récents, lesquels tendraient à prouver que le Déluge de Noé fut un évènement tout-à-fait partiel, circonscrit au pays compris entre le Tigre et l'Euphrate, beaucoup plus moderne qu'on ne le croit généralement, et postérieur à la formation des races humaines.

Cependant, il reste dès à présent bien entendu que chacun de nous doit être complètement libre et indépendant dans l'usage et le choix de ses moyens et dans ses conclusions. Quant à moi, je dois me limiter à rechercher si des conditions actuelles du globe on peut relever des faits capables de constater un déluge universel postérieur à la création de l'homme. En admettant que j'atteigne à ce résultat, j'aurais déjà fait beaucoup, et cependant point tout encore, pour rapporter ce déluge à celui des Saintes Ecritures; j'aurai pourtant fait assez pour obliger ceux qui refusent d'admettre cette relation à la démontrer fausse, ou bien à l'accepter.

# LE DÉLUGE DE NOÉ

Toutes les solutions, pour l'homme qui y insiste, après avoir servi au but pour lequel on les cherchait, conduisent à de nouveaux problèmes, et jusqu'à ces sublimes solutions qui, découvertes par des génies privilégiés, les laissent, pour ainsi dire, au pied d'un mystère incompréhensible, mais incontestable, joyeux de la vérité qu'ils ont contemplée, non moins joyeux de confesser une vérité infinie. . . . . . . . .

. . . . . . . . . . . . .

De même que les erreurs de la science peuvent être, dans l'esprit de l'homme, des obstacles à la foi ; de même les vérités révélées peuvent être des secours pour la science : car, en faisant connaître les choses dans leur relation avec l'ordre surnaturel, elles étendent nécessairement son cercle d'investigations : de sorte que la science peut procéder d'une connaissance plus vaste aux recherches et aux découvertes qui lui sont propres.

*Manzoni.* — De l'invention.

Le Déluge qui a porté la destruction sur la surface de la terre, déjà habitée par l'homme,

n'est pas sans analogie dans les époques précédentes; c'est à la fois un évènement historique et géologique. Chacune de ces grandes périodes de l'histoire du globe, que nous avons
l'habitude d'appeler *Epoques de la Création*,
est le résultat d'un ensemble d'évènements,
parmi lesquels se trouve toujours compris un
déluge, c'est-à-dire une submersion de continents, provenant, soit de mouvement de l'écorce
du globe et du changement consécutif des ni-
veaux relatifs des eaux et des terres, soit d'une
nouvelle irruption d'eaux. Chaque déluge a
laissé un document dans les dépôts stratifiés
auxquels il a donné lieu, et dans les résidus
organiques qu'ils renferment. Une question
préliminaire se présente ici: Est-il permis d'é-
tablir des comparaisons entre les déluges géologiques et le déluge historique? Peut-on, des
changements dans l'ordre de la création, conséquences des premiers, déduire les changements
qui furent une conséquence du second? Il est
bien connu que quant à cela les naturalistes
sont encore divisés en deux camps. Les phénomènes géologiques qui produisirent et modifiè-
rent la croûte du globe, et la préparèrent au
séjour de l'homme, sont, pour quelques-uns,
attribués à des causes particulières qui n'agis-
sent plus dans les époques actuelles; pour d'autres, au contraire, à des causes qui ne diffèrent
pas de nature, mais seulement d'intensité et

d'extension, de celles qu'on découvre encore
à présent dans les grands phénomènes telluriques. Le plus fort argument sur lequel les
premiers s'appuient, consiste dans la formation
des inégalités terrestres, dans les soulèvements de la croûte du globe, dans les émer-
sions de grandes masses de matière liquéfiée,
d'où tirèrent leur origine les grandes chaînes
de montagnes, phénomènes grandioses, véri-
tables révolutions de la nature, qui devaient
nécessairement changer profondément l'ordre
des choses à la superficie de la terre; phénomènes que nous ne voyons plus se reproduire
de notre temps. De leur côté, les seconds
remarquent qu'il n'est pas prouvé qu'on
doive entièrement attribuer les inégalités de la
superficie terrestre à des actions violentes, in-
stantanées; que d'autres causes d'action lente
et prolongée ont dû y concourir. Les mêmes
causes qui à présent encore déterminent ces
mouvements continuels de la croûte terrestre
qui se manifestent par l'exhaussement des côtes de la Norwège, par l'abaissement du littoral
de la Scanie, par les divers changements de
niveau de la côte de Pouzzoles, près de Naples,
et par un abaissement d'une grande extension
du fond de l'Océan Pacifique.

Ces mêmes soulèvements rapides, instanta-
nés, qui se reproduisirent à différentes époques
et qui furent l'origine des principales chaînes

de montagnes, devinrent successivement plus limités; et, à l'époque actuelle, ils se trouvent restreints à des cônes volcaniques, à des îles, à des écueils isolés et épars. D'ailleurs l'analogie entre les anciens dépôts de sédiment et ceux que tous les géologues admettent, soit comme ayant immédiatement précédé le déluge historique, soit comme des effets de celui-ci, est aussi grande qu'évidente; cette analogie se retrouve même avec les dépôts très-circonscrits qui s'accummulent incessamment dans beaucoup de seins de mer et à l'embouchure des grands fleuves.

Il est donc permis de comparer entre eux les déluges géologiques et le déluge historique, aussi bien dans leurs causes que dans leurs effets.

Quelle fut l'influence des révolutions du globe sur les créations organiques préexistantes? En produisirent-elles une complète destruction, et avec l'aurore de l'époque suivante reparut-il une création toute nouvelle? ou bien la destruction ne fut-elle que partielle, et quelques êtres organiques purent-ils traverser sains et saufs ces évènements exterminateurs, et reparaître à l'époque suivante comme les souches des générations ressuscitées? En termes plus précis, devons-nous admettre autant de créations distinctes qu'il y a d'époques déterminées par les géologues dans l'histoire du globe, ou

plutôt le développement progressif d'une création unique?

En général, les géologues ne s'expliquent pas
clairement sur cette grande question; s'ils la
rencontrent dès leurs premiers pas, ils la tour-
nent comme un écueil qu'ils préfèrent éviter;
et, sans davantage s'en occuper, ils marchent
directement au but spécial de leurs recherches.
Quelques-uns seulement osèrent l'affronter; et,
ainsi qu'il arrive quelquefois dans les sciences
humaines, ils conclurent d'une façon différente,
tout en s'appuyant sur l'ensemble des mêmes
faits. M. Pictet, dans son traité vraiment clas-
sique de Paléontologie, a résumé avec une
grande clarté les arguments et les considérations que s'opposent réciproquement les deux
théories (1). « La théorie de la transforma-
» tion des espèces, ajoute-t-il, nous semble
» complètement inadmissible et diamétrale-
» ment opposée à toutes les données de la zoo-
» logie et de la physiologie. » Et, après avoir
exposé les considérations qui semblent appuyer cette sentence, M. Pictet ne trouve d'autre refuge que dans la théorie opposée, en laissant toutefois percer clairement qu'il y est
poussé par la nécessité, presque à contre cœur,
et sans cette conviction, cette satisfaction in-

______

(1) *Traité de Paléontologie*. — 2e édit., tome Ier, page
81 et suivantes.

térieure que donnent les théories lorsqu'elles jaillissent spontanément d'une série de faits bien ordonnée, et qu'elles sont vraiment l'expression d'une loi naturelle.

Si ce problème grand et complexe de la succession des êtres organiques est posé dans les termes précis avec lesquels sont formulées les deux théories qui, comme nous venons de le voir, tiennent seules le champ clos; et si l'on considère ces deux théories comme constituant les deux membres d'un dilemme, de façon que, l'un détruit, l'autre sorte victorieux, on arrivera à trouver que la science offre dans son état actuel des matériaux suffisants pour faire pencher la balance en faveur de cette théorie que M. Pictet déclare inadmissible. Il s'agira seulement de la concevoir d'une manière différente de celle de cet illustre naturaliste, et alors les objections qu'il a élevées contre elle ne la regarderont nullement.

Nous avons le droit de demander avant tout quelles auraient été les causes qui, à chaque époque géologique, pouvaient produire la destruction pleine et complète des êtres organiques à la superficie du globe? Qu'on ouvre un large champ aux hypothèses, laissant aussi l'imagination errer librement dans les limites du possible, et, renonçant pour ce cas spécial à réclamer des preuves de tout ce qu'elle aura pu enfanter, on n'aurait pas encore, malgré cela,

une réponse satisfaisante à cette question préliminaire. L'anéantissement des êtres organiques aurait pu s'accomplir par l'invasion des
eaux sur les terres auparavant émergées, ou
par l'abaissement de celles-ci sous le niveau
de l'Océan; or tous les géologues sont con-
traints de reconnaître qu'à chaque époque, tandis que quelques-unes des parties de la croûte
terrestre étaient submergées, d'autres restaient
à sec, de sorte qu'elles devenaient un asile
pour une multitude d'êtres vivants soustraits
ainsi à une destruction générale. La composition de l'air ne fut pas toujours la même depuis les premières époques de la création jusqu'à présent; mais les modifications par lesquelles il passa furent graduelles et continues;
et il n'y a nulle preuve, pour appuyer cette
opinion, qu'il soit devenu de temps à autre impropre à maintenir la vie sur la surface de la
terre; une fois rendu vital par l'influence de la
végétation primitive, il se maintint tel durant
toutes les époques successives. L'hypothèse,
tant caressée par quelques géologues, de changements successifs dans la direction de l'axe
terrestre non-seulement manque de preuves,
mais est considérée comme absurde par les
astronomes les plus distingués. La plus probable parmi les causes physiques de cette pré-
tendue destruction des êtres organiques consiste dans les perturbations qui furent les con-

séquences des dislocations de l'écorce du globe;
cependant M. Pictet lui-même admet comme
juste et fondée l'observation de M. Elie de
Beaumont, que l'extension géographique des
soulèvements et leur limite probable d'action
furent en général plus restreints que la diffusion géographique des espèces.

M. C. Vogt (1) a aussi traité ce sujet avec une
critique fine et ingénieuse; il est arrivé au même
résultat, à savoir : que ni l'observation directe
ni les données de la géologie ne nous présentent une matière suffisante pour appuyer une
hypothèse quelque peu rationnelle sur les causes
de la destruction complète des espèces, dans
les diverses époques de l'histoire du globe.

L'action exterminatrice des révolutions géologiques, dans la force et l'extension que l'on
veut leur attribuer, est si peu prouvée, qu'il serait très-permis de croire que l'extinction réelle
de plusieurs espèces est survenue non à la
suite de tels ou tels de ces évènements, mais
dans le cours d'une époque géologique, moins
par l'effet d'une cause violente extérieure, que
par une cause organique innée dans les espèces
elles-mêmes. Plus nous nous efforçons de chercher la main de l'homme dans la disparition
de quelques espèces d'animaux de la surface
du globe dans des époques historiques, moins

(1) *Bilder aus dem Thierleben*, page 240 et suiv.

nous nous sentons capable de le pouvoir faire avec une confiance entière. Le Dode ou Dronte, très-commun à l'île Maurice, à l'époque de la colonisation, en avait complètement disparu en moins d'un demi-siècle ; et, bien que la lenteur et la pesanteur de son vol l'exposât aux attaques des nouveaux habitants de l'île, il serait difficile de concevoir comment ceux-ci eussent été excités à détruire un animal inoffensif et dont la chair de mauvaise qualité ne leur offrait nul profit. La Ritine ou vache marine de Steller, que cet intrépide naturaliste trouva en abondance sur les côtes du Kamtschatka et de l'île de Béring, vers 1742, a complètement disparu dans le court laps de vingt années ; après 1761 on ne put jamais parvenir à en découvrir un seul individu, malgré les nombreuses recherches ordonnées par le gouvernement Russe. Cette espèce est donc complètement détruite, et on ne saurait en accuser les rares habitants de ces régions inhospitalières. Il ne nous semble pas inutile d'observer que le Dode ainsi que la Ritine réunissent une combinaison de caractères si singulière, que nous serions tenté de dire qu'ils paraissent constituer deux types prédestinés à l'extinction spontanée, tant ils sont exceptionnels et comme hors de propos dans la création actuelle.

Contre la théorie des créations successivement détruites et refaites, s'élèvent aussi les exemples positifs, bien que relativement rares, d'espèces fossiles renfermées dans des terrains d'époques différentes. Le mélange d'ammonites et de belemnites du Lias avec des plantes de terrain carbonifère, découvert par le professeur Angelo Sismonda dans les schistes de la Tarantasia, donnera encore beaucoup à penser aux paléontologues. On a déjà rencontré dans le terrain Miocène quelques restes de mollusques et de polypes qu'on ne saurait distinguer des espèces vivantes. Ces débris deviennent beaucoup plus nombreux dans les bancs Pliocènes (marne et sables subapennins); et tous les efforts de M. Agassiz, pour faire constater la non identité des espèces qui se rencontrent dans ces bancs avec celles qui vivent encore maintenant, n'aboutissent à aucune preuve.

Très-souvent les rapports entre les résidus organiques de deux formations contigües sont tellement étroits, que les géologues ne parviennent pas à indiquer d'une manière concordante la séparation précise entre les dépôts d'une époque et ceux de l'époque suivante; nous en avons pour exemple les vives divergences concernant la séparation du terrain diluvien ancien, tant de la formation tertiaire qui l'a immédiatement précédé, que des dépôts de l'époque actuelle.

Cette théorie ne sait donc pas trouver son fondement le plus nécessaire, malgré la volonté la plus décisive d'une part, et les plus grandes concessions de l'autre. Quant aux faits qui semblent l'appuyer, qui l'ont même fait naître, et solidement établie dans l'esprit de quelques géologues, bien que incontestables, on ne pourrait les invoquer comme preuves, en tant que la partie adverse ne se refuse pas à les reconnaître (et comment le pourrait-elle?) mais s'efforce de les expliquer autrement, et d'en tirer profit pour des conclusions très-différentes, comme nous le verrons.

De cet ensemble de faits et d'inductions, il résulte donc que les révolutions géologiques qui fermèrent chaque époque de la création, comme un dénoûment clôt un drame, n'ont pu détruire entièrement les êtres organiques qui dans l'écoulement des siècles de l'époque même avaient pu se multiplier et se répandre sur la terre; plusieurs de ces êtres ont ensuite passé sous les nouvelles conditions telluriques de l'époque subséquente.

L'observation arrive ici pour démontrer qu'un nombre relativement très-petit de ces êtres a conservé les caractères primitifs sans mutation; de là, il faut nécessairement admettre que ces caractères ont été plus ou moins profondément modifiés sous des conditions d'existence changées; et, de là aussi, ces variations constituant pour les naturalistes les cacactères d'aunt d'espècesta vraies et distinctes.

La théorie de la transformation des espèces
fut tour à tour soutenue et combattue par des
hommes de beaucoup de science et d'esprit;
bien souvent aussi, de part et d'autre, à l'aide
de mauvais arguments. Ses adversaires sont
indiscrets lorsqu'ils exigent des preuves expé-
rimentales, c'est-à-dire lorsqu'ils prétendent
qu'on leur fasse voir maintenant, dans l'époque
actuelle, ces transformations. Ses partisans se
fourvoient lorsqu'ils les admettent sans mesure
et qu'ils enfantent, comme par caprice, les
plus étranges dérivations généalogiques des
espèces actuelles. Voyons maintenant combien
cette théorie, que les considérations exposées
empêchent de taxer d'absurde, est acceptable
en principe et en quelques-unes de ses principales déductions.

Toutes les observations réunies jusqu'à aujourd'hui sur les caractères des espèces vivantes s'accordent, il est vrai, pour en démontrer
la stabilité. Les dépouilles de beaucoup d'animaux, défendues avec tant de sollicitude contre
l'injure des siècles par les anciens Égyptiens,
ne laissent pas découvrir la plus petite varia-
tion subie dans le cours de quelques milliers
d'années par les espèces auxquelles ils appartiennent. Voilà un fait qu'on oppose à la
théorie de la transformation des espèces; il
est incontestable. Mais il s'agit ici d'animaux qui vivent dans les conditions telluri-

ques originaires; et l'on ne saurait dire pourquoi ils eussent dû changer. Il en fut ainsi des espèces qui ont peuplé la terre à chaque période géologique; telles elles apparurent au commencement, telles elles se conservèrent jusqu'à la fin de la période même. On n'en saurait dire autant de celles qui furent transmises comme un héritage d'une période à l'autre. Les conditions de leur existence changées devaient nécessairement imprimer à leur organisme des modifications particulières. On ne connaît rien, il est vrai, de la nature des rapports physiologiques qui existent entre les caractères des animaux et les agents extérieurs; que de tels rapports existent, c'est ce qu'il est oiseux de faire remarquer. La stabilité d'une espèce ne peut être prouvée qu'entre les limites d'une période géologique; et encore renfermées dans ces limites, les espèces, tout en se conservant constantes dans leur représentation idéale, peuvent subir de si grandes variations qu'elles laissent souvent notre jugement incertain sur leur délimitation précise.

Qu'on observe seulement les déviations du type primitif produites par le passage de l'état de liberté naturelle à celui de complète sujétion à l'homme! Tout le monde connaît le nombre infini des races domestiques dans lequel l'espèce du chien familier a été décomposée et va chaque jour se décomposant; la chose est poussée au point de laisser encore subsister les opinions les plus divergentes sur le type primitif de ces races; la question sur leur provenance d'une seule ou de plusieurs espèces primitives, n'est pas même encore tranchée d'une façon concordante. Si l'examen de l'influence que peut avoir eue la domesticité en de semblables cas est toujours d'un grand intérêt pour le physiologiste, il n'a que des rapports lointains et indirects avec la grande question dont nous nous occupons, et ne pourrait que nous éloigner de notre but principal. Cet exemple, puisqu'il est tombé dans le champ de la discussion, pourra tout au plus, commencer à nous éclairer sur l'incertitude des caractères extérieurs des animaux pour l'exacte définition de l'espèce.

Des déviations très-remarquables du type primitif se manifestent dans les animaux qui ne sont pas même assujettis à une véritable servitude, en raison du simple fait d'avoir été emmenés loin de leur pays originaire, changement de lieu dont l'homme est sans doute le principal agent. Cet argument a toujours été d'un intérêt spécial pour les naturalistes, dans les recherches de l'influence des climats sur les caractères des animaux; en général cependant, la part réellement trouvée de cette influence est au-dessous de celle que l'on s'attendait à découvrir. Les races les plus diverses peuvent vivre et se perpétuer dans les mêmes conditions topographiques, c'est ce dont l'Angleterre nous fournit un exemple avec ces races nombreuses et différentes d'animaux domestiques. Que si l'on observe plus ordinairement dans chaque province des races particulières, cela ne dépend point des modifications constantes que les animaux subissent dans ces conditions topographiques particulières, mais de l'usage ou de la convenance d'élever une race plutôt que l'autre; de sorte que celle qui a d'abord été préférée prédomine, et reste pour ainsi dire indigène; et le petit nombre d'individus de race différente qu'on y introduit dégénèrent souvent, plutôt cependant à cause du manque de soin apporté à conserver la pureté du sang que par suite des effets du climat.

Dans tous les cas il faut observer avec une attention particulière de quelle manière se comporte une espèce ou une race d'animaux transportée loin de son pays natal. Les individus auxquels on donne ainsi une nouvelle patrie ne subissent pas des modifications uniformes; c'est-à-dire qu'ils ne sont pas l'origine d'une race nouvelle et unique, destinée à se perpétuer avec des caractères constants en rapport avec les nouvelles conditions sous lesquelles elle est appelée à vivre, mais bien à plusieurs races, dont la formation est déterminée par la première influence de ces conditions nouvelles;

ces nouvelles races pourront aussi se maintenir perpétuellement distinctes.

L'espèce du Bœuf commun, devenue, en compagnie de l'homme, cosmopolite, a subi des déviations si diverses et si permanentes de son type primitif, qu'elle peut se décomposer en un très-grand nombre de variétés distinctes entre elles par des caractères encore plus importants que ceux sur lesquels on fonde souvent la vraie distinction de l'espèce ; il en est résulté des bœufs avec une ou deux bosses, des bœufs avec des cornes pendantes et mobiles comme des oreilles, d'autres sans cornes. Ceux que les Espagnols menèrent avec eux en Amérique reprirent, abandonnés dans ces vastes solitudes, des caractères très-voisins du type originaire ; ils redevinrent sauvages. La race Espagnole fut par là modifiée, non d'une seule manière, car il ne tarda pas à se former une nouvelle race, qui toujours va se propageant, de bœufs sans cornes. Azara en constata l'origine en 1770. Il ne viendra certes à l'esprit de personne d'expliquer ce fait par une influence spéciale du climat américain défavorable au développement de ces appendices de la tête. Une race semblable de l'Afrique australe ne peut avoir eu une origine différente.

Cet exemple, le plus significatif parmi beaucoup d'autres analogues que nous pourrions citer, démontre : *qu'une espèce ou une race d'ani-*

maux sous des conditions différentes que celles où elle a précédemment vécu, ne subit pas une modification uniforme et constante, mais se décompose en diverses races et sous-races, dont chacune (les conditions sous lesquelles elle est formée restant les mêmes) peut persister sans mutation, pour se décomposer encore en d'autres variétés secondaires, si les conditions de son existence sont de nouveau changées. Or ces effets généraux resteront les mêmes, soit que les espèces ou les races soient enlevées de leur lieu d'origine, ou centre de diffusion, et transportées dans des pays très-lointains, soit que, ne quittant pas leur station primitive, l'arrivée imprévue de quelque grand phénomène tellurique change tout-à-coup, sur le lieu même, les conditions de leur existence. Voilà de quelle manière, en appliquant les résultats de l'observation des phénomènes actuels à l'étude des phases et des changements qui se sont répétés dans les époques géologiques, et, si l'on s'en tient aux seuls moyens de recherche que dans un sujet si abstrus et si obscur puissent guider l'esprit, nous pourrons concevoir ce grand fait que jusqu'ici nous appelions transformation des espèces ; qui devient maintenant plus complexe et plus clair à la fois. Les espèces animales qui ont survécu à chaque déluge géologique, et qui ont été appelées à une vie nouvelle dans l'arrangement nou-

*veau de la terre, n'ont pas subi une modifica-
tion uniforme, ne se transmuèrent pas simplement, mais se décomposèrent en plusieurs
espèces, dont chacune s'est conservée et pro-
pagée, conservant immuablement ses propres
caractères pendant le cours entier d'une époque géologique.*

Le lecteur remarquera très-bien que nous ne
faisons ici qu'énoncer des faits, et en tirer les
inductions les plus claires, les plus spontanées,
les seules possibles; il voudra bien ne pas
exiger de nous des hypothèses explicatives.
Que s'il persistait à ne vouloir pas reconnaître
les effets, tout clairs et manifestes qu'ils soient,
sans une théorie sur les causes, nous sommes
disposé à le satisfaire, pourvu qu'il nous ouvre
la voie et qu'il commence par nous signaler la
cause efficiente d'un changement quelconque,
du plus simple, que les animaux subissent par
l'influence de la domesticité : par exemple, la
cause qui produit le changement des couleurs
du pelage.

Avec plus de droit et de fondement on pourrait nous demander jusqu'à quelles limites on
devra étendre le principe que nous avons tout
à l'heure reconnu; car, en vérité, telle est sa
nature qu'il peut ouvrir les ailes de la fantaisie
et la porter dans des régions où, échappant à
la rigueur des lois, tout est permis. En face de
ce danger, le mieux est de confesser notre im-

puissance. Que celui qui veut se réjouir en se donnant le spectacle de la théorie poussée à l'excès, et dépassant les bornes entre lesquelles l'observation est seulement possible, que celui-là lise la philosophie zoologique de Lamarck. Toutefois, pour donner une réponse succinte, peut-être aussi un peu évasive, à cette question, nous dirons que la transformation des espèces doit être admise seulement dans une circonscription limitée, plus ou moins étendue, selon les espèces; de sorte qu'on ne doit pas la considérer comme une question générale, mais comme l'ensemble de plusieurs questions spéciales; et, si on les traite, on pourra bien concéder quelque chose à la manière de voir particulière à chacun, parce que l'on manque d'un enchaînement de faits suffisant. Pour mieux nous expliquer par un exemple, nous dirons : que sans aucune hésitation nous ferons provenir l'Ours commun de l'Ours des cavernes ( *U. Spelæus*), que nous éprouvons une simple hésitation à reconnaître les Mastodontes comme les ancêtres des Eléphants, et que nous avons une répugnance décidée et insurmontable à faire dériver l'homme du singe, ainsi que l'ont voulu Lamarck et Geoffroy Saint-Hilaire.

On ne doit pas se refuser à admettre un principe par la simple raison de la difficulté de son application à des cas particuliers, et d'autant moins, si ces cas ne sont pas autrement explicables. La transformation des espèces dans leur passage en des époques géologiques différentes peut, en quelque sorte, se comparer à la transmigration des parasites d'un hôte à un autre, en prenant des formes toujours différentes ; or, on a dû accepter cette transmigration comme un fait général, bien avant d'arriver à une démonstration effective, par l'histoire génésique complète d'une seule espèce.

Le débrouillement de semblables questions partielles est compliqué de difficultés presque insurmontables, parmi lesquelles il faut surtout compter : 1° l'absence des principaux criteriums pour distinguer avec sécurité les espèces, c'est-à-dire l'absence de ceux qu'on discerne par l'observation des animaux à l'état de vie. Les paléontologistes ont créé un véritable encombrement de fausses espèces, qu'il faut en grande partie considérer plutôt comme conventionnelles que comme réelles, et fondées sur des distinctions moins importantes que celles qu'on remarque dans de simples variétés des espèces vivantes. Ajoutez à cela que nous ne sommes pas en état de fixer les limites des variations des espèces qui ont existé avant l'époque actuelle ; 2° De grandes lacunes qui empêchent d'établir, même provisoirement, la série généalogique des espèces.

Quoique le nombre soit grand des restes des

créations précédentes qui ont été déterrées jusqu'à présent, beaucoup de types inconnus sont réservés aux découvertes de nos successeurs. Qui nous dira où sont enfouis les ossements de ces animaux qui ne laissèrent d'autre témoignage de leur existence que les traces marquées sur les anciennes plages bourbeuses? Où est le Chiroterium qui s'est promené aux lieux mêmes qu'occupe la petite ville de Hildburghausen? Qu'était-ce que cet animal? un singe, un marsupiaux, un reptile? Où sont ces oiseaux de neuf espèces prétendues différentes, dont les traces sont empreintes dans les couches du Connecticut, couches beaucoup plus anciennes que celles où apparaissent réellement pour la première fois des débris d'oiseaux? Et avec ces animaux-là n'aurait-il pu en exister d'autres qui ne laissèrent point même la trace de leurs pas, parce qu'ils habitèrent des terrains secs ou des rochers?

Mais ramenons les voiles. — La meilleure manière, selon nous, de représenter le développement complexe de la création organique est de faire abstraction, pour un instant, des révolutions géologiques, et de la considérer comme un évènement progressif et continu. Cependant, en en retraçant les phases, il importe de procéder avec prudence et de reployer les ailes de la fantaisie. Il en coûte peu de peine pour composer un roman scientifique; à imaginer dans les premiers êtres organiques répandus sur la surface du globe une perfectibilité illimitée; prendre, par exemple, un polype, y développer un foie, des organes sexuels, un collier nerveux, renfermer le tout dans une enveloppe membraneuse, et en faire un mollusque; ensuite, diviser l'enveloppe en segments, faire pousser latéralement et selon un ordre symétrique des jambes, et en faire un articulé; prendre dans celui-ci le système nerveux abdominal, le porter sur le dos, y ajouter un étui osseux et en faire un vertébré. Ce n'est pas ainsi que nous voudrions concevoir le principe de la transformation successive des êtres organiques. Il est nécessaire d'admettre la création originaire d'un grand nombre de types différents, ou, pour nous exprimer ainsi, de grandes espèces primitives, chacune destinée à se décomposer en un grand nombre d'espèces secondaires, et celles-ci successivement, jusqu'aux sous-espèces, à leur tour décomposées, selon la même loi, en races primaires produisant des races secondaires, et ainsi de suite. Il faut également admettre que la création de ces types n'a pas été contemporaine et ne s'est pas faite d'un seul jet, mais qu'elle a été successive, en divers temps, suivant un ordre ascendant, de manière à ce qu'il en résultât une organisation toujours plus compliquée en comparaison des types créés antérieurement. Qu'on fasse maintenant intervenir les révolutions géologiques et qu'on les considère comme ayant eu pour double effet de détruire réellement quelques espèces, et d'en placer d'autres dans de nouvelles conditions d'existence; d'en déterminer de cette manière la transformation multiforme, la décomposition en un plus grand nombre d'espèces filiales. Que si quelqu'un, s'appuyant sur des faits reconnus, trouvait que l'apparition des différents types doit avoir été interrompue par de trop longs intervalles pour considérer la création comme un évènement unique et continu, nous répondrons que le temps est pour les géologues ce que l'espace est pour les astronomes, et que mille ans, cent mille ans ne sont pas même une petite fraction de l'infini.

Cette manière de concevoir l'ordre de la création est beaucoup plus rationnelle que celle qui a été adoptée, d'abord par convention, puis par habitude, par le plus grand nombre des géologues et qui ferait, pour ainsi dire, voir dans le créateur un être soumis à la nécessité d'un apprentissage, un artiste qui, incertain dans ses conceptions et mécontent d'une esquisse, l'efface avec dépit, la recommence vingt fois, doutant encore s'il sera satisfait de son œuvre au vingt-unième projet.

Deux grands faits ont donc concouru au développement de la vie, telle qu'elle fut dans les époques géologiques, telle qu'elle est à présent : d'abord, une création par phases ordonnées et successives de types organiques; ensuite, une transformation évolutive et multiple des types mêmes d'un âge géologique à l'autre. Etablir le nombre de ces types originaires ou de création, et, pour chacun d'eux, toute la chaîne des dérivés est une œuvre, comme nous l'avons dit, très-difficile et très-conjecturale, qu'il ne faut cependant pas abandonner au caprice de chacun. Celui qui dirait que les poissons, les reptiles, les oiseaux, les mammifères constituent autant de types de création, aurait pour lui l'assentiment de presque tous les naturalistes; celui qui se torturerait l'esprit pour montrer comment, par des modifications successives, un poisson s'est transformé en reptile, et celui-ci en mammifère, resterait certainement isolé au milieu de son cercle d'hypothèses. Celui qui soutiendrait, au contraire, que les Mastodontes sont devenus des Eléphants partagerait au moins les droits de celui qui pense que le type Mastodonte a été créé et détruit, et que le type Eléphant, son très-proche parent, a été refait par une création tout-à-fait nouvelle et distincte.

Une idée nouvelle et pleine d'avenir est venue à l'esprit, quelquefois par trop aventureux, de M. Agassiz (1).

(1) Lettre à M. Elie de Beaumont. Institut, 28 mars 1855.

Comparant les générations actuelles avec les générations passées, il trouve : *que les embryons et les petits de tous les animaux vivants sont l'image fidèle et en miniature des fossiles de la même famille; que, par exemple, les caractères qui distinguent le genre Mastodonte du genre Eléphant sont à ceux-ci comme les caractères du jeune Eléphant à celui de l'adulte; ainsi des Rhinocéros fossiles comparés à des Rhinocéros vivants.* D'autres exemples de ce genre ne manqueraient pas. Tout le monde sait que parmi les poissons des plus anciennes formations prévalent ceux du Groupe des Ganoïdes, représentés dans l'époque actuelle par un nombre très-restreint d'espèces. Or, les Ganoïdes fossiles se distinguent par une colonne vertébrale très-imparfaite, manquant des corps des vertèbres, et qui, à l'extrémité postérieure, se courbe et se prolonge pour former le bord supérieur de la queue. Au contraire, dans le plus grand nombre des poissons osseux, et, par exemple, dans la truite, on trouve les corps des vertèbres distincts et développés, et la colonne vertébrale finit juste et en pointe au milieu de la base de la queue; mais il n'en est pas ainsi de la truite à l'état d'embryon, dans laquelle le corps des vertèbres n'est pas encore formé; la colonne vertébrale se recourbe alors, comme dans les Ganoïdes, et

2

se porte vers le bord supérieur de la queue (1).

Ces germes d'une théorie nouvelle, que nous verrons sans doute développer par M. Agassiz lui-même, trouvent dans notre thèse une application très-naturelle. En effet, en traitant la grande question de la transformation des espèces dans la série des périodes géologiques, nous pouvons établir pour base certaine : *que toutes les métamorphoses qui se vérifient dans le court laps de l'existence de l'individu sont possibles dans la sphère du type organique relatif, durant son long et indéfini développement dans le temps.*

Que le développement de la vie à la surface de la terre ait eu un progrès continu, non interrompu par des périodes de destruction, mais résultant de diverses périodes successives de création, cela ressort de la manière la plus évidente de l'exmen des terrains récents de sédiment et des restes fossiles qu'ils renferment.

Dès l'époque où furent soulevées, dans les Alpes, les couches de terrain tertiaire moyen, les grands reliefs de la superficie terrestre eurent la hauteur, la configuration, la distribution qu'ils présentent maintenant. Les dépôts supérieurs tertiaires eux-mêmes, ou pliocènes (marne et sables subapennins), s'étendent presque partout au pied des montagnes, conservant

(1) C. Vogt. *Embryologie des Salmones*, pages 256 et suivantes.

leur gîsement originaire, ou ne subirent que des dislocations très-rares, circonscrites, et encore pas toujours, par une cause violente instantanée. A ces terrains se superposèrent d'autres dépôts sédimenteux, le plus souvent de matières incohérentes (limon et sable), formés dans le sein des eaux fluviales, et caractérisés par la présence d'ossements de grands mammifères, analogues, pour le plus grand nombre, identiques même pour beaucoup, à des espèces encore vivantes. En langage géologique, ces dépôts sont indifféremment appelés quaternaires ou diluviens; la première expression a été choisie afin de se conformer à la nomenclature déjà adoptée pour les terrains antérieurs nommés primaires, secondaires, tertiaires; la seconde, pour indiquer leur origine du dernier déluge géologique. Ils ne sont uniformes, ni par composition, ni par gîsement, ni par le procédé de leur formation: mais ils sont tellement liés entre eux, qu'il est impossible de les considérer comme formés autrement que dans le cours d'une même époque; on pourrait leur appliquer tout ce que nous pouvons dire des dépôts entièrement analogues dont la formation a lieu sous nos yeux. En effet, les alluvions à l'embouchure des fleuves, le remplissage incessant des bassins tourbeux, les amas de sables et de gros fragments de roche au bas des glaciers, sont des faits et

des phénomènes actuels exactement compara-
bles à ceux auxquels les diverses formations
quaternaires doivent leur origine.

Il n'y a aucune trace d'un grand bouleversement qui aurait séparé l'époque tertiaire de
la suivante. On sait que les géologues distinguent trois étages de terrains tertiaires ; c'est-à-
dire le terrain éocène (tertiaire inférieur), le
miocène (tertiaire moyen), et le pliocène (tertiaire supérieur). Ce dernier, au reste, passe si
insensiblement au terrain quaternaire, que la
séparation entre eux n'est pas déterminée d'une
manière uniforme par les géologues. Il y en a
qui détachent une partie d'un terrain pour la
réunir à l'autre (1); d'autres admettent un terrain intermédiaire. Quoiqu'il en soit, on trouve
que les gros mammifères, qui avaient déjà
commencé à paraître dans l'époque tertiaire,
deviennent très-abondants à l'époque suivante.
L'histoire de cette époque pourra, en peu de
mots et sous forme synthétique, être ainsi ré-
sumée :

La mer pliocène, en se retirant dans les limites de la mer actuelle, laissa en diverses par-

_______

(1) MM. Martins et Gastaldi (*Essai sur les terrains su-
perficiels de la vallée du Pô*) et le professeur Eugenio Sismonda (*Ostéographie d'un Mastodonte fossile*) considèrent
les couches diluviennes avec ossements de grands mammifères, comme constituant les dépôts supérieurs du
terrain pliocène.

ties du globe de grandes baies, dont les rives, couvertes d'une riche végétation, virent se multiplier les Mastodontes, les Eléphants, les Rhinocéros, les Hippopotames, les Mégathériums, les Chevaux, les Bœufs, les Elans. Dans d'autres plaines, sur les montagnes, vivaient, à la même époque, d'autres ruminants et pachydermes inférieurs, et, en plus forte proportion, des rongeurs et des carnivores. La distribution des grands continents et de leurs habitants était dès-lors la même que celle que nous voyons aujourd'hui. Déjà était apparue l'Amérique avec ses types spéciaux de tardigrades (Mégathérium, Mégalonyx, Mylodon), de cuirassés (Glyptodon, Chlamidothérium, Armadilles); elle possédait aussi ses singes Platyrrhines et à queue prenante; la Nouvelle-Hollande, ses Kanguroos, ses Wombats ; la Nouvelle-Zélande, ses Dinornis; l'Europe, l'Asie, l'Afrique, leurs faunes variées, mais liées entre elles par des caractères dominants propres à ces régions qui forment l'ancien continent. Quelques types seulement, circonscrits maintenant dans des régions déterminées de cette grande partie du monde, étaient alors beaucoup plus répandus, comme le prouvent les ossements d'Eléphants et de Chevaux trouvés jusqu'en Amérique, et ceux d'Hyènes et de Lions si fréquents dans les cavernes de presque toute l'Europe.

Dans le cours de cette longue période, la

terre fut dévastée par un cataclysme, qu'on appela *Déluge* d'un consentement général, et d'après les effets qui en sont restés, bien que jusqu'ici les géologues aient expressément déclaré que ce cataclysme n'a aucun rapport avec le déluge biblique, et qu'il est arrivé avant l'apparition de l'homme à la surface du globe. Les sédiments stratifiés à ossements de grands mammifères, les brèches osseuses, les dépôts à ossements de carnivores au fond des grottes, enfin la disposition des blocs erratiques, se rattachent à ce déluge comme les effets successifs d'une seule et grande cause. Une vaste et puissante irruption d'eau bouleversa d'abord les cadavres des Mastodontes, des Eléphants, des Rhinocéros, des Mégathériums, des Elans qui vivaient dans les basses plaines, les laissant ensevelis dans le limon et dans les sables que les eaux déposèrent elles-mêmes peu à peu jusqu'à combler ces baies et à relever le fond des grandes vallées. Les mêmes eaux diluviales, se précipitant avec impétuosité sur les pentes du terrain, pénétrant dans les crevasses, dans les vides des rochers, traînaient pêle-mêle les os des petits mammifères, les laissant ensevelis dans un ciment calcaire argileux, et formaient ainsi ce que nous appelons des brèches osseuses. Que beaucoup d'animaux aient cherché un refuge sur les hauteurs, sur la cime des montagnes, lorsque les eaux envahissaient le fond des vallées, il est naturel de le penser, et conforme à tout ce qui se présente à l'observation. Si on recueille les données principales qui ressortent du grand nombre de recherches faites jusqu'ici sur les ossements réunis dans les grottes, il en résulte positivement qu'à l'époque dont nous nous occupons, elles servaient d'asile à beaucoup d'animaux carnivores qui y transportaient leurs victimes (ce qui est prouvé par les empreintes de dents voraces encore subsistantes sur quelques os) et qu'ils y séjournaient. Les nombreux excréments qui y sont restés accumulés en fournissent le témoignage, ainsi que les parois de l'entrée, polies par un passage continuel. Les Ours, les Loups, les Hyènes, de grosses espèces de Chats voisines des Lions actuels, étaient les habitants ordinaires de ces antres, où ils laissèrent leurs ossements ensevelis dans le limon et cimentés ou recouverts par des incrustations stalactitiques, dans une position qui indique clairement qu'ils n'ont été dérangés par aucune cause violente. On ne vérifie cependant pas cette dernière circonstance dans toutes les cavernes; dans d'autres, en effet, les os sont mêlés confusément à des matériaux de transport, et constituent ainsi, par mode de formation, des dépôts analogues aux brèches osseuses (1).

(1) Les cavernes du lac de Côme décrites par M. E. Cornalia, savant distingué, ami de l'auteur, appartiennent

Nous renoncerons à faire des conjectures sur l'origine de cette grande masse d'eau, dont l'action est restée manifeste par les trois différentes formes de dépôts que nous avons signalées; c'est-à-dire par les couches de limon et de sables à ossements de grands mammifères, par les brèches osseuses et par les ossuaires au fond des anciennes cavernes; nous avons hâte de signaler une nouvelle trace laissée sur la terre par ce deluge. On sait que, d'après les circonstances de gìsement des terrains de transport les plus récents, et particulièrement d'après la distribution des blocs erratiques, on déduit avec fondement que les glaciers, limités à présent aux plus hautes vallées des plus grandes chaînes du globe, ont jadis eu une extension beaucoup plus considérable, et que cette extension remplissait, par exemple dans nos Alpes, les vallées maintenant populeuses et florissantes de la Dora Riparia, de la Dora Baltea, de la Sésia, de la Toce, etc. C'est donc à bon droit que les géologues distinguent dans l'époque quaternaire une période glaciaire qui comprend la formation et l'extension de ces glaciers et leur fusion successive qui en a détruit une grande partie et les a circonscrit dans les limites actuelles. Dans la série chronologique des évènements auxquels notre terre fut soumise,

à cette seconde catégorie *(Nuovi Annali delle Scieuze naturali di Bologna,* 1850).

il faut considérer celui-ci comme postérieur à la formation des dépôts diluviens signalés plus haut, comme la dernière scène du déluge, comme le dernier évènement qui ait porté une altération sensible dans la conformation de la superficie terrestre, n'ayant cependant exercé sur les créations organiques qu'une action locale ou temporaire.

Mais considérons maintenant les animaux qui ont laissé leurs vestiges dans les différents dépôts de cette époque.

Ils diffèrent des types correspondants de l'époque actuelle à des degrés très-différents; de sorte que, si les Mégathériums et les Mylodons n'ont qu'une lointaine analogie avec les Paresseux qui vivent maintenant dans les grandes forêts de l'Amérique intertropicale, les Mastodontes en ont déjà beaucoup avec les Eléphants; et il y a une affinité encore plus étroite entre l'Ours des cavernes (*U. Spelœus*) et l'Ours brun des Alpes; enfin cette affinité touche au degré de l'identité absolue pour le Bœuf, le Buffle, le Cheval de l'époque quartenaire (*Bos primigenius, Bos priscus, Equus fossilis*) et les espèces correspondantes vivantes (*Bos taurus, Bos urus, Equus caballus*). Désormais tous les naturalistes doivent forcément convenir que quelques espèces de l'époque quaternaire ont prolongé leur existence jusqu'à l'époque actuelle; qu'avec le Mégathérium, le Mas-

lodonte, le Mammouth, espèces détruites dans
le dernier bouleversement auquel fut soumis
notre globe, vivaient celles du Bœuf commun,
de l'Aurochs, du Cheval, qui échappèrent à
cette grande dévastation, et purent ainsi deve-
nir les souches des nouvelles générations dans
l'époque actuelle. La grande question d'établir
le nombre des espèces détruites dans ce déluge
et des espèces conservées sera encore longtemps agitée; car, comme nous l'avons déjà
dit, les principaux, les vrais caractères de l'espèce ne sont reconnaissables que dans les
animaux en pleine possession de la vie, et ne
peuvent être déduits que d'après des analogies
qui ne sont pas très-sûres, dans les animaux
de formes perdues. Expliquons-nous plus clairement et prenons un cas particulier. Le grand
Ours fossile des cavernes *(U. Spelœus)* l'em-
porte de beaucoup en dimension sur l'Ours
commun des Alpes, et il a le front beaucoup
plus convexe. Malgré ces caractères et d'autres
encore, Blainville pensait que tous les Ours fossiles des cavernes n'étaient que des variétés
d'une seule et même espèce, et que celle-ci
était la souche originaire de l'Ours brun de
l'Europe. La plupart des Paléontologistes admettent, au contraire, entre cet Ours et le grand
Ours des cavernes une distinction absolue et
spécifique. On pourrait facilement donner raison des caractères reconnus comme propres à

l'Ours des cavernes, en admettant qu'une espèce unique d'Ours, représentée aujourd'hui par celle qui vit dans les Alpes et dans presque toute l'Europe centrale, parvînt dans l'époque antérieure au déluge à un âge plus avancé; qu'à cet âge il avait principalement pour habitude de vivre dans les cavernes. Il est en effet singulier que personne ne parle d'Ours des cavernes jeunes, et que les os fossiles, assez rares, d'individus de taille plus petite, se rapportent à des espèces différentes.

Un seul caractère, s'il était reconnu pour vrai et constant de l'Ours des cavernes, mettrait fortement en doute son identité spécifique avec l'Ours commun, ce serait le trou condyloïdien de l'humérus, qui manque dans cette dernière espèce. La question se concentre donc toute sur ce caractère. S'il était, en effet, reconnu comme propre et constant de l'Ours des cavernes, il donnerait une grande autorité à l'opinion de ceux qui le considèrent comme constituant une espèce particulière et détruite; et il conviendrait alors de chercher la souche originaire de l'Ours commun d'Europe dans l'une des autres espèces fossiles, et probablement dans celle qui avait le crâne moins convexe *(U. Arctoideus)*. Mais le fait est que les humérus percés au condyle extérieur sont très-rares en comparaison de ceux qui ne sont point percés, que l'on trouve ordinairement avec le crâne et d'autres partie du squelette de l'Ours des cavernes; de là la nécessité de considérer le caractère indiqué ou comme accidentel ou comme distinctif d'une autre espèce beaucoup plus rare que l'Ours des cavernes lui-même (1). En déclarant notre préférence pour l'opinion de Blainville, nous ne prétendons pas soustraire la question au jugement que des recherches ultérieures pourront faire prononcer.

Mais il est temps de dire quelques mots d'un animal dont l'existence à l'état fossile a été très-disputée; nous voulons parler de l'Homme. Ne devrait-on pas demander, avant tout, dans quel sens on doit prendre le mot *fossile?* Il ne faut certainement pas l'entendre dans son sens littéral, car alors les os mêmes des cimetières sont fossiles; ni dans le sens de *pétrifié*, car alors les os des Mastodontes et des Mammouths ne le sont pas. On appelle aussi espèces fossiles, celles qui ont vécu avant l'apparition de l'homme sur la terre, et dont les os se trouvent par conséquent ensevelis dans des couches qui ne contiennent ni restes de squelettes humains, ni produits de l'industrie humaine; alors, chercher l'homme fossile revient à chercher

(1) Christol considère le trou, super-condyloïdien comme distinctif des humérus de l'*Ursus Spelœus*; Laurillard, au contraire, comme propre à l'*U. Arctoideus*. Les humérus trouvés par Cornalia dans une grotte du Lac de Côme, avec des os de l'Ours des cavernes, présentent ce caractère.

l'homme avant l'homme. La question ne peut être posée que dans les termes suivants : L'homme a-t-il été créé lorsque les Mégathériums, les Mastodontes, las Mammouths, l'Ours des cavernes, et beaucoup d'autres espèces de l'époque quaternaire avaient totalement disparus, ou bien, les premières générations humaines furent-elles contemporaines de ces espèces auxquelles l'espèce *homme* n'a pas succédé, mais simplement survécu? Si le problème est posé en ces termes, la solution est possible : nous pouvons de plus la donner sur l'heure; l'homme fossile, c'est-à-dire l'homme contemporain du Mégathérium, du Mammouth, de l'Ours des cavernes, est trouvé.

Ce n'est pas ici le cas de répéter l'histoire de Teutobocus, roi des Cimbres, et de se sos reconnus ensuite pour des os d'éléphant; ni celle plus célèbre de l'*homo diluvii testes* de Scheutzer, réduit, ainsi que tout le monde le sait, à l'entité d'une salamandre colossale; ni enfin celle des squelettes de la Guadeloupe, incontestablement humains, mais ensevelis à une époque très-récente, dans un climat calcaire qui encore aujourd'hui se dépose dans cette localité. — Les faits qui appellent maintenant notre attention sont d'une bien autre importance.

Vers 1820, environ, le comté de Razoumowski trouva des ossements humains mêlés à des os de mammifères d'espèces éteintes, cimentés par une matière terreuse noirâtre qui remplissait quelques cavités d'une roche calcaire, près de Baden, dans l'Autriche inférieure. Peu de temps après, il arrivait à M. Boué de découvrir, dans le grand dépôt argilo-marneux de la vallée du Rhin, qui recèle aussi des restes de mammifères d'espèces perdues, quelques os évidemment ensevelis à une grande profondeur, et dans des circonstances telles qu'il n'y a pas lieu de suspecter qu'ils l'aient été à une époque postérieure à la formation même de ce dépôt (1).

La caverne de Pondres, dans le département du Gard, découverte accidentellement vers 1829, fut l'objet d'observations très-importantes et très-concluantes de la part de M. Christol. Non-seulement elle renfermait du limon diluvien, où se trouvait une quantité d'os brisés, mais elle en était entièrement obstruée, sans le moindre espace vide entre le fond et la voûte. Cette circonstance est très-digne d'attention, parce qu'elle ne permet pas de supposer qu'on ait introduit dans ce dépôt divers objets à des époques différentes. M. Christol trouva dans ce dépôt des excréments d'Hyènes ainsi que des os d'Hyènes, de Bœufs, de Chevaux, de Rhinocéros, et, en outre, des débris de poteries, ainsi qu'une molaire d'homme parfaitement reconnaissable (2)

(1) *Annales des Sciences natur.*, 1re série, vol. 18.

(2) *Notice sur les ossements humains du départ. du Gard.* Montpellier, 1829.

Le général Alberto la Marmora, aux recherches longues, assidues et savantes duquel la Sardaigne doit d'être l'un des pays le mieux connus d'Europe, a trouvé dans les environs de Cagliari une brèche osseuse, contenant des débris de poterie grossière et des boules en terre cuite percées.

Dans la caverne de Kent, dans le Devonshire, le limon qui gît sur le sol, recouvert par une couche stalagmitique, renferme des os d'Hyènes, de Lions, de Tigres, d'Ours, d'espèces considérées comme perdues; on y trouva aussi des objets travaillés par la main de l'homme, des haches, des flèches en pierre, des débris de vases de terre (1).

M. Dickeson, de Philadelphie, a déterré le long des rives du Mississipi, à une profondeur de 100 pieds, dans une couche renfermant des restes de Mégathérium et de Mastodonte, un fragment de squelette, reconnu par MM. Morton et Agassiz, comme appartenant au bassin humain. M Lyell a d'abord émis l'opinion que dans cet endroit des os humains auraient pu tomber dans les fissures du terrain, et se mêler ainsi aux ossements d'animaux d'espèces éteintes (2).

---

(1) Bibl. *Univers*, de Genève, 1846.
(2) Gédéon Mantel. *Edimb. new. philosoph. Journal*, (Janv.-avril 1851.)

Une vive impression fut produite dans le monde savant par les découvertes de Schmerling dans les cavernes de la Belgique (1), où des os humains sont mêlés en grand nombre à ceux d'Hyènes, d'Ours des cavernes, de Rhinocéros ; ils s'y trouvent dans des conditions telles que les doutes sur la coexistence réelle de l'homme avec ces espèces d'animaux ne sont pas possibles. On y trouve aussi les os humains fréquemment polis comme les autres, toujours isolés comme ceux de l'Ours, et jamais réunis en un squelette complet; ce qui s'oppose à l'idée d'un ensevelissement postérieur par œuvre humaine. On y découvrit en même temps des instruments fabriqués avec des os de l'Ours des cavernes : or, il est très-probable que ce ne furent pas des os à moitié pourris par un long séjour au sein de la terre qu'on employa à ces ouvrages, mais des os frais.

Les observations plus récentes de M. Spring (2) sur le limon à ossements recouvrant de grandes crevasses en manière de grottes aux environs de Chauvaux, le long de la Moselle, en Belgique, ne sont pas d'une importance moindre. Ce limon se distingue par une grande abondance

(1) *Ossements fossiles des cavernes de la prov. de Liège.*, Liège, 1836

(2) *Bulletin de l'Académie royale de Bruxelles*, vol. 20, p. 111, page 427.

d'ossements humains mêlés à des débris d'autres animaux. M. Spring trouva parmi ces ossements un pariétal avec une fracture évidemment produite par un instrument contondant, et, à peu de distance, une hache en pierre.

Tout le monde connaît également les recherches faites par Lund dans les cavernes du Brésil. Ce savant trouva, dans huit de ces cavernes, des os humains profondément altérés et même minéralisés, mêlés à des débris de mammifères, lesquels, bien qu'appartenant à des familles encore vivantes en Amérique et exclusives à ce pays, sont d'espèces perdues (1).

L'Elan aux grandes cornes (*Cervus megaceros)* était répandu dans toute l'Europe, au commencement de l'époque quaternaire. On trouve ses os en grand nombre avec ceux du Mammouth dans le limon diluvial ; mais où ils abondent singulièrement, c'est en Irlande. Dans les grands marais de cette île, dans la tourbe, et jusque dans les couches marneuses sous-jacentes, on rencontre même des squelettes entiers de cette espèce, quelques-uns dans une position encore verticale. Avec ces squelettes on a déterré des poteries grossières, des haches de pierre ; et, dans le comté de Cork, on découvrit un cadavre humain entier, avec des restes des parties molles converties en adipocire, et des

(1) *Froriep N., Notizen,* vol. XXIX, page 147.

fragments d'un manteau grossier, probablement fait avec la peau de l'Elan aux grandes cornes.

On a imaginé diverses hypothèses pour expliquer ce mélange d'os humains avec ceux d'espèces qui ne vivent plus aujourd'hui, toujours dans l'idée préconisée et dominante que l'homme n'était apparu sur la terre qu'après l'extinction de l'Ours des cavernes, et des autres mammifères caractéristiques de l'époque quaternaire. Ces interprétations ne soutiennent pas la critique : il faut désormais s'incliner devant le langage trop clair des faits, et renoncer définitivement à cette idée développée avec tant d'éloquence par Cuvier, dans son célèbre discours sur les révolutions du Globe.

Il est vrai que des os humains auraient pu être ensevelis par l'homme lui-même dans un terrain de l'époque quaternaire ou diluviale, comme dans celui d'une époque quelconque ; ou bien que des alluvions récentes auraient pu les entraîner : il résulte aussi de documents historiques irréfragables que les anciens peuples, encore à l'état de barbarie, vivaient dans les cavernes, où ils furent chassés et renfermés par d'autres peuples ennemis, leurs vainqueurs, et qu'ils y laissèrent des traces de leur existence (1).

(1) Voyez à ce sujet, dans le *Dictionnaire universel* de d'Orbigny, à l'article *Grottes*, un très-beau travail de M. Desnoyers.

Dans quelques localités, les os humains se trouvent non pas mêlés mais superposés, et tout à fait distincts du limon où sont ensevelis les restes de l'Ours des cavernes, des Hyènes, des Rhinocéros; mais personne ne voudra confondre ces gîsements avec ceux dont nous avons parlé plus haut. Outre les différentes conditions de gîsement, d'autres criteriums nous servent à les distinguer avec précision. Dans les dépôts récents, c'est-à-dire postérieurs à l'époque de l'Ours des cavernes, on rencontre souvent des objets de fer et de bronze, tandis que dans les dépôts plus anciens, véritablement quaternaires ou diluviens, on ne trouve d'autres produits de l'industrie humaine que des débris de poterie grossière à peine assez cuite, et des instruments en pierre. Mais le plus important c'est que les restes mêmes de squelettes humains véritablement ensevelis avec ceux de l'Ours des cavernes, de l'Hyène, du Rhinocéros, présentent des caractères qui leur sont propres, du moins cela résulte de toutes les observations faites jusqu'à présent dans les localités où l'on a pu trouver des crânes avec d'autres os du squelette. On sait que, d'après la forme de la tête, et surtout d'après le profil de la face on peut distinguer deux types dans l'espèce humaine : le type Orthognathe, à front proéminent, à incisives verticales, à angle facial tendant vers le droit; et le type Prognathe, à

front fuyant, à incisives saillantes, à angle facial aigu. Or, tandis que les peuples qui habitent l'Europe appartiennent au type orthognathe, les crânes de l'époque quartenaire présentent les caractères du type opposé. La surprise fut grande lorsque, parmi les fossiles découverts par Razoumowski, on reconnut un crâne de race évidemment différente de la race caucasique, c'est-à-dire du type prognathe le plus prononcé. Tous les crânes trouvés par Lund dans les cavernes du Brésil montrant le même type, il n'hésita pas à y reconnaître les caractères de la race Américaine. Enfin, Spring observa lui aussi, parmi les ossements humains de Chauvaux, divers fragments de crânes, parmi lesquels une moitié latérale complète : « Ce
» crâne, dit-il, était très-petit, d'une manière
» absolue, et relative au développement de la
» mâchoire; le front était fuyant, les temporaux
» aplatis, les narines larges, les arcades alvéo-
« laires très-prononcées, les dents dirigées
» obliquement, l'angle facial ne pouvant guère
» excéder 70. J'ose à peine faire remarquer
» que ces caractères sont bien plus conformes
» à ceux de la race Nègre et des *Indiens d'Amé-*
» *rique,* qu'à ceux d'aucune des races qui dans
» les temps historiques ont habité l'Europe. »

Ces faits sont d'une très-haute importance. Il en découle avant tout, comme premier corollaire, une confirmation ultérieure de tout ce que nous avons déjà dit concernant les os humains ensevelis originairement dans les cavernes avec ceux d'animaux d'espèces perdues. Considérant ensuite l'uniformité de type des squelettes humains fossiles gîsant dans des localités si diverses et si lointaines, telles que la basse Autriche, la Belgique, le Brésil, on en déduit naturellement *l'unité de cette race primitive*, qui avait pu se propager sur la surface du globe avant le déluge. Il resterait maintenant à discuter à laquelle des races actuelles elle pourrait appartenir; mais chacun voit combien les criteriums d'un jugement sûr manquent dans cette question; criteriums qui ne doivent pas seulement se déduire des caractères morphologiques du crâne, mais aussi de la peau, de la qualité des cheveux, de la langue, des habitudes morales, des mœurs, etc. Probablement, cette unique race humaine primitive, antédiluvienne, n'a plus parmi les races actuelles une seule qui la représente exactement. M. C. Vogt va beaucoup plus loin : il la considère comme une espèce véritable et distincte qui, non-seulement a vécu du temps de l'Ours des cavernes, mais en a suivi la destinée et a été, ainsi que lui, éteinte dans la dernière révolution du globe (1). Nous n'opposerons pas une réfutation spéciale à cette manière de voir, après ce que nous avons déjà dit.

(1) *Köhlerglaube und Wissenschaft*, page 51.

Devant ces faits, il n'est plus possible de douter que l'homme ait été contemporain des grands mammifères terrestres considérés habituellement comme caractéristiques de l'époque quaternaire ou diluviale. Il a survécu à un grand nombre d'espèces qui peuplaient déjà la terre lors de sa première apparition, et qui, à des époques et pour des causes différentes, s'éteignirent ensuite. Parmi ces causes, il importe de considérer comme la principale, pour son extension et sa puissance, ce bouleversement que les géologues nomment déjà *Déluge*; ce qui n'empêche pas d'admettre une cause organique innée chez ces animaux, inconnue dans son essence, mais dont l'effet connu est la limitation de la durée de l'espèce, son extinction physiologique. On ne saurait même expliquer comment quelques espèces ont pu survivre à l'action destructive, non-seulement de ce déluge, mais de tous les déluges géologiques, et d'autres succomber, si l'on ne fesait agir simultanément les deux causes.

Quant aux époques de cette extinction, il serait très-intéressant de pouvoir les établir approximativement et d'une manière relative pour chaque espèce; toutefois on peut voir combien ce serait difficile même hypothétique, à cause de l'incertitude des points de départ. On pourra cependant parvenir à quelque résultat, et on trouvera peut-être que quelques espèces se sont éteintes avant le déluge, d'autres pendant cette catastrophe, d'autres certainement après. Essayons, par exemple, d'établir l'ordre chronologique de la mort des espèces suivantes : Mastodonte à dents étroites, Mégathérium, Mammouth, Rhinocéros à narines cloisonnées, Ours des cavernes, Elan aux grandes cornes, Dinornes, Dronte, Ritine. Vraisemblablement le premier disparu de cette série est le Mastodonte : les conditions dans lesquelles gisent les os de cet animal indiquent qu'il n'a pas prolongé beaucoup son existence dans l'époque quaternaire ou diluvial ; elles nous induisent, au contraire, à croire que cette espèce existait déjà à l'époque pliocène, et que l'époque suivante l'a vu s'éteindre avant la catastrophe diluviale. Les belles observations de Darwin sur les Pampas assigneraient véritablement à l'irruption des premiers débordements diluviens la destruction du Mégathérium, ainsi que celle d'autres gros mammifères, ses contemporains (Mylodons, Glyptodons, etc.).

C'est encore à l'action des eaux diluviennes qu'il faudra faire remonter le transport des ossements dans les cavernes, le remplissage des crevasses dans les roches par les matériaux qui constituent les brèches osseuses. L'Ours des cavernes, l'Hyène, les Lions des cavernes (comme espèces ou comme races distinctes, peu importe) trouvèrent la mort dans la première période du déluge. Au contraire, le Rhinocéros à narines cloisonnées, l'Eléphant primitif ou Mammouth ne périrent que dans la seconde période, lorsque la glace s'étendit et recouvrit une grande partie de la terre. C'est de quoi font preuve les cadavres entiers de ces animaux trouvés ensevelis, dans les glaces de la Sibérie, par Adams et Pallas. Les tourbières de l'Irlande sont de formation indubitablement postérieure; ce qui nous force à rapporter la mort des derniers descendants de l'Elan aux grandes cornes à une époque très-récente, pour ne pas dire historique dans le sens restreint du mot. L'époque est certainement historique où cessèrent de vivre les Dinornes de la Nouvelle-Zélande, comme on l'infère du gîsement et de l'état de conservation des restes que l'on découvre dans cette île, et de la tradition qui persiste encore parmi les indigènes de l'antique existence de ces oiseaux de formes singulières. — Quant au Dronte et à la Ritine, nous avons rapporté plus haut les dates précises où l'on vit les derniers individus.

Il n'y a donc pas de séparation entre l'époque dite quaternaire par les géologues et l'époque actuelle ou historique : l'une se continue dans l'autre; et si, comme on a toujours fait jusqu'ici, on considère l'Homme comme une espèce caractéristique d'une époque de la création, de ces deux époques il conviendra d'en faire une seule, qui commence à l'achèvement des dépôts pliocènes, et qui ne finira qu'avec la race humaine, — époque que l'on pourrait indifféremment appeler quaternaire, diluviale, historique, mais qu'il sera opportun d'appeler autrement, afin d'éviter la confusion qui naît toujours quand on doit changer soudainement le sens d'un mot déjà consacré par l'usage. Certainement ce ne sera pas l'invention d'un mot nouveau qui pourra jeter le naturaliste dans l'embarras; et l'expresion d'*époque adamitique* s'offrant ici sponanément nous la mettrons en circulation sans hésiter, parce qu'il n'y a aucune raison pour ne pas adopter le nom que les Saintes Ecritures ont donné au premier homme.

De ce qui précède, on voit donc que le déluge des géologues devient le déluge des historiens, parce que si l'un est dit universel, l'autre est démontré tel par les traces qui en sont restées dans toutes les parties du monde, et parce qu'enfin on n'a aucun document des déluges postérieurs. M. C. Vogt, après avoir mentionné les recherches de Schmerling et de Spring sur les restes diluviens des squelettes humains, et les avoir rapportés à une espèce différente de celles qui vivent aujourd'hui, ajoute, dans une note : « Pour éviter une dis-
» pute de mots, j'observerai ici brièvement que
» le mot *diluvial, formations diluviales*, se

» rapporte à une époque géologique qui a pré-
» cédé l'époque actuelle, mais non pas au Déluge Biblique, *dont la géologie ne sait rien.*
Or, cette phase serait incontestable alors seulement qu'il serait possible à M. Vogt de démontrer sa principale proposition touchant la distinction spécifique de l'homme fossile ; dans le
cas contraire, il reste à d'autres le droit d'affir-
mer que *la géologie sait quelque chose du Déluge Biblique.*

Ce que l'on peut dire jusqu'ici de l'homme
fossile, ou, pour nous servir d'un mot plus po-
pulaire et plus juste, de l'homme antédiluvien,
c'est qu'il appartient à un type unique, différent
du type Indo-Caucasique, et se rapprochant
plutôt de la race noire ou de quelqu'une des tri-
bus les plus dégradées de la race Mongole.
Tel est le résultat direct de l'observation qu'il
faut accepter dans toutes ses conséquences,
au prix de dépouiller notre premier père Adam
d'un caractère que l'imagination lui accorde si
volontiers pour en faire un type de beauté.

Mais laissons à d'autres le soin de distinguer
de quelle couleur fut Adam, et tournons plutôt
notre attention du côté de la grande variété de
formes, de couleurs, de qualités morales que
présente actuellement l'homme dans les diverses parties du globe. Ces variétés n'exis-
taient pas avant le déluge : donnée certaine qui
nous engage à passer outre, et à les rattacher

à cet événement comme un effet à leur cause.

Personne n'ignore combien on a disputé sur ce grand sujet des variétés humaines , et combien a prévalu, par la force et le nombre des faits, l'opinion de ceux qui les rapportent toutes à une espèce unique. Cependant il n'est pas encore permis de se reposer sur le terrain conquis. Nous voilà en face d'une autorité de premier ordre dans les sciences naturelles, M. C. Vogt, qui dans un opuscule récent (1), attaque encore , incidemment, il est vrai, avec une grande impétuosité cependant, l'unité de l'espèce humaine; la dérivation des diverses populations du globe d'un père commun, d'un seul Adam ; leur irradiation d'un centre de création.

La question est moins d'anthropologie que de zoologie élémentaire ; elle se réduit premièrement à celle-ci : Qu'est-ce qu'une espèce en zoologie? M. Vogt attaque radicalement la définition acceptée par l'universalité des naturalistes , sans prendre le soin d'en substituer une nouvelle. Il essaye d'annuler la grande valeur qu'a comme preuve de l'unité spécifique

(1) *Köhlerglaube und Wissenschaft*. Cet opuscule, que l'on peut considérer comme un coup décisif tenté par le matérialisme avec tous ses arguments concentrés, a fait grand bruit en Allemagne, et suscité une vive discussion. Voyez divers numéros de mars et des mois suivants, année 1855, de l'appendice de la *Gazette Universelle* d'Augsbourg, et particulièrement, pour la question présente, le numéro 88 (29 mars).

la fécondité des métis des races humaines, et il accumule des faits pour démontrer que le produit de l'accouplement d'individus d'espèces différentes peut être fécond.

Il y a un vieux proverbe qui dit : Qui trop veut prouver, rien ne prouve. Avant tout, il nous est permis de demander par quel droit ces hybrides féconds sont dépouillés de leur légitimité? Qu'est-ce qui démontre la différence spécifique des parents? Prenons l'exemple cité par M. Vogt, du Chameau et du Dromadaire, et admettons pour un instant que des rapports du mâle de l'un avec la femelle de l'autre naisse une race féconde. D'un côté, toutes les différences bien connues entre les animaux dont l'un s'appelle chameau, l'autre dromadaire, déposeraient par leur différence spécifique; de l'autre, le seul fait de la fécondité de la race résultant de leur croisement dépose pour l'unité d'espèce des parents : dequel côté penchera la balance? Y a-t-il un caractère morphologique ou anatomique d'une valeur si absolue, qu'il suffise, à lui seul, à marquer définitivement la différence spécifique entre le chameau et le dromadaire, et qu'il ne permette pas de les considérer comme deux races d'une espèce unique? non certainement. Ces deux animaux ne diffèrent pas plus entre eux, que le Bœuf commun et le Zébu, que tous les zoologistes considèrent comme des simples variétés d'une seule espèce.

Puisque nous parlons du Bœuf, nous insisterons sur cet exemple, pour montrer précisément combien peuvent varier ces caractères mêmes dont les zoologistes font le plus grand cas dans la distinction des espèces. Sans doute, parmi les plus importants de ces caractères, sont ceux qui se déduisent de l'observation du squelette, et, par exemple, du nombre des côtes, qui pour le Bœuf commun (*Bos taurus*) est de 13 pour chaque côté. Or, il arrive quelquefois que des individus de cette espèce naissent avec une quatorzième côte rudimentaire, et certains autres avec une quatorzième côté complète, avec la vertèbre dorsale correspondante supplémentaire. Il n'y a pas à douter qu'avec un couple de ces individus on ne puisse établir une race permanante de bœufs à 14 paires de côtes; et la chose aurait déjà été faite par les Anglais, si habiles éleveurs de races d'animaux domestiques, si c'eût été pour les spéculateurs un attrait suffisant d'avoir dans le bœuf une paire de côtelettes de plus (1). Qu'on suppose mainte-

(1) Le professeur Patellani, de Milan, qui a souvent trouvé dans les Bœufs Lombards 14 paires de côtes, m'a tout récemment signalé qu'un de ses élèves aurait reconnu l'existence d'une race de ces bœufs, dans une localité du Plaisantin.

nant une telle race existant depuis longtemps, sans qu'on en ait constaté l'origine : si quelqu'un voulait en faire une espèce particulière, il serait presque dans son droit; et certainement cette espèce produirait avec le Bœuf commun une race féconde; mais quelle valeur aurait cet exemple contre la loi générale de là stérilité des hybrides?

Nous avons rapporté plus haut que d'Azara a été témoin de la naissance de Bœufs sans cornes, dans l'Amérique méridionale : supposons maintenant qu'une race semblable se soit formée dans une île éloignée de l'Océan Pacifique et qu'en suite la race cornue originaire y ait été détruite. La première expédition scientifique qui eût abordé dans cette île n'aurait pas hésité un seul instant à faire de ces bœufs non plus seulement une espèce nouvelle, mais un genre nouveau de ruminants, un genre *Accros*, par exemple, et plus tard on aurait trouvé avec une grande surprise que les bâtards du genre *Accros* et du genre *Bos* sont féconds !

Ce que nous avons dit de l'accouplement du Dromadaire avec le Chameau peut se répéter de celui du Chien avec le Loup, du Bouquetin avec la Chèvre. Mais d'autres exemples cités par M. Vogt nous semblent susceptibles d'un autre genre de critique : tel est l'exemple rapporté sur l'autorité de M. Tschudi, à savoir : que l'accouplement du Chien avec le Renard a lieu quelquefois, et qu'il en résulte des hybrides féconds. Cette assertion, à moins de nombreuses preuves légales et incontestables, trouvera beaucoup d'incrédules, dans le nombre desquels nous prendrons la liberté de nous placer nous-mêmes.

Il y a, il est vrai, quelques cas très-rares cependant, mais certifiés, d'hybrides féconds ; et il suffira de rappeler celui que signala le professeur Nanzio, de Naples, de l'enfantement d'une mule. Mais, dans de pareils cas, il s'agit constamment de femelles hybrides (1) qui ont été fécondées par l'accouplement avec un mâle de l'une des deux espèces originaires; on n'a pas suffisamment expérimenté la persistance de la fécondité dans les produits de cet accouplement, pour que l'on ne puisse point inférer que cette fécondité n'arrive bientôt à une complète extinction.

Ces exemples n'affaiblissent en rien l'importance du principal caractère de l'espèce, celui de la production d'une race *d'une fécondité illimitée*, par suite de l'accouplement *spontané* d'individus des deux sexes. Nous disons *spontané* parce qu'il est important d'observer que,

______

(1) L'assertion d'Aristote, citée par M. Vogt, que les mulets mâles sont capables d'engendrer, serait positivement contredite, non-sulement par les observations de Gleichen, Prevost, Dumas et R. Wagner, mais aussi par celles plus récentes de Martino.

dans les animaux à l'état de liberté, l'accouplement d'individus d'espèces différentes n'arrive que dans des cas extrêmement rares et tout-à-fait exceptionnels (1) ; tandis que la domesticité et plus encore l'esclavage pervertissent tellement les instincts, que les rapprochements entre les individus d'espèces différentes deviennent plus faciles qu'entre les individus de la même espèce. Il n'y a pas d'exemple d'accouplement d'un Lion avec une Lionne dans les ménageries, tandis qu'on a vu souvent les rapprochements féconds du Lion et de la Tigresse.

La fécondité illimitée des métis humains, soit qu'ils s'accouplent entre eux, soit qu'ils s'accouplent avec des individus des races primitives, est l'origine d'un si grand nombre de races secondaires, que l'on peut saisir tous les passages d'une race à une autre, de manière à joindre, par une série de gradations insensibles,

(1) J'eus l'occasion de surprendre un crapaud vert mâle accouplé avec une grenouille commune; les œufs pondus par celle-ci ne se développèrent pas. — Il est désormais certain que quelquefois le grand coq de bruyère *(Tetrao urogallus)* s'accouple avec le coq de bruyère commun *(T. tetris)* et que le produit qui en résulte est le *T. medius,* que l'on doit considérer comme inféconde, si l'on réfléchit à sa rareté; on n'en trouve guères, en effet, que des individus isolés et seulement dans les pays où les deux espèces originaires vivent l'une et l'autre.

les types les plus dissemblables, l'Antinoüs à un Papous, la Vénus de Milo à une Hottentote. Si une telle fécondité était l'apanage d'individus nés de l'accouplement de deux espèces d'animaux, dans leurs conditions naturelles de vie, tout le monde en verrait les conséquences; alors, plus de distinction précise admissible entre ces espèces, ou mieux, on ne l'eut ni supposée ni cherchée, et la question présente manquerait de raison d'être. On aurait étendu l'idée de l'espèce, sans en altérer la définition rappelée plus haut, — la seule possible.

Voilà donc de quelle manière doit être discutée la question des espèces en zoologie. Si les hybrides tant mâles que femelles du Chameau et du Dromadaire engendrent normalement une race féconde et perpétuellement, tant par leur mutuel accouplement que par leur rapprochement avec des individus de deux souches primitives, le Chameau et le Dromadaire seront deux variétés ou races de la même espèce, comme le sont l'Européen et le Cafre; si, au contraire, la fécondité de ces bâtards constitue un cas rare et, pour ainsi dire, accidentel, ne se vérifiant que dans les femelles accouplées à un mâle de l'une des deux espèces primitives, le Chameau et le Dromadaire seront deux espèces distinctes, comme le sont l'âne et le Cheval. Les caractères physiques, sur lesquels on appuie la distinction de ces espèces, ne sont, à proprement parler, que des caractères empiriques, et doivent venir en seconde ligne.

Il faut déplorer l'extrême pauvreté d'expériences bien faites sur l'accouplement d'animaux réputés d'espèces différentes, et d'être obligé, dans des questions d'une si haute importance, de se borner à rapporter des observations isolées, incertaines, ou même de simples assertions de tel ou tel auteur. On dit, on croit que l'accouplement du Bouc avec la Brebis ou du Mouton avec la Chèvre donne pour résultat des bâtards féconds. Si le fait est certain, il n'a pas été démontré par des expériences sûres et nombreuses; cependant elles seraient aussi intéressantes que faciles. Toutefois, jusqu'à preuve du contraire (et nous venons de voir quelle preuve serait à exiger), nous continuerons à considérer la Brebis et la Chèvre comme des animaux de deux espèces bien distinctes, incapables de former une race mixte permanente; c'est la même chose que pour le Chameau et le Dromadaire.

L'espèce humaine est incontestablement unique; et, cela posé, l'unité de son berceau originaire n'aurait pas besoin d'être soumise à une discussion. Cette seconde question n'est pas elle-même spéciale à l'espèce humaine, mais à chacune des espèces vivantes.

M. C. Vogt semble peu disposé à céder sur le second point, quand il devrait ou pourrait transiger sur le premier. Voilà, en effet, ses paroles :

« Pour les espèces où il n'est même pas pos-
» sible d'apercevoir la moindre différence, la
» dérivation *(abstammung)* d'un couple est
» souvent, par des raisons géographiques, une
» pure impossibilité. Le Mouflon de Sardaigne
» et celui de l'Asie mineure, que l'on peut à
» peine distinguer l'un de l'autre, l'Ysard ou
» Chamois des Pyrénées et le Chamois des
» Alpes ne peuvent provenir d'un seul couple :
» le Mouflon ne passe point les mers, le Cha-
» mois ne traverse point les plaines. »

Et, plus bas :

« Quant aux populations de l'Amérique, de
» l'Australie et des Archipels Océaniques, leur
» provenance de la terre ferme des trois an-
» ciens continents, dans l'âge reculé ou anté-
» historique, est aussi une impossibilité, comme
» la navigation du Mouflon vers la Sardaigne ;
» et, quand bien même (ce qui ne se vérifie
» pas) on viendrait à prouver que les races hu-
» maines sont si peu différentes entre elles, qu'on
» pourrait presque pencher vers l'opinion qui
» regarde comme possible la dérivation d'un
» seul couple, on devrait, toujours par des rai-
» sons géographiques, reconnaître l'imposibi-
» lité de cette dérivation. »

Aux raisons géographiques invoquées par M. Vogt, on peut également opposer d'autres raisons géographiques. L'impression générale qu'on reçoit, en observant la distribution de la vie sur la superficie de la terre, nous l'a fait considérer comme résultant de nombreux foyers ou centres de création, d'où les espèces se sont distribuées, en s'étendant sur diverses lignes, suivant la nature et la conformation des divers pays, et celle des obstacles qui pouvaient s'opposer à leur diffusion. Nous sommes particulièrement poussés à cette opinion par l'étude si instructive des faunes insulaires mises en comparaison avec celles des continents les plus proches, ainsi que par l'examen de la distribution des êtres organiques dans les grandes divisions naturelles d'un même continent.

Nous avons aussi sur quelques espèces des renseignements précis, soit sur l'époque de leur diffusion, soit sur l'itinéraire qu'elles ont suivi ; nous citerons pour exemple le Surmulot (*Mus decumanus*) qui des Indes orientales, sa patrie, est arrivé en Europe, vers la moitié du siècle passé, non-seulement apporté par des navires, mais aussi par voie de terre et par colonies émigrant spontanément.

Nous aurions à notre connaissance beaucoup de faits de ce genre, si les anciens nous avaient transmis des documents un peu exacts sur les faunes des divers pays où furent d'abord en honneur les sciences naturelles. Mais nous ne pouvons nous refuser ici de rapporter, en manière de conjecture, un autre exemple, selon nous, suffisamment fondé. Les anciens Egyptiens nous ont laissé dans leurs monuments une iconographie presque complète des mammifères qui habitaient leur pays; or, nous cherchons en vain dans le célèbre Musée de Turin une représentation quelconque de l'Hyène rayée si commune aujourd'hui dans la vallée du Nil, Nous ne pouvons nous rendre raison de ce fait qu'en admettant que cette espèce, non encore répandue en Egypte à l'époque des Pharaons, a dû y parvenir plus tard de la Syrie. Voici donc quelques exemples des diffusions des espèces d'un centre de création, tandis que, d'un autre côté, il n'y en a aucun qui fasse considérer comme autocthones les colonies, même d'une seule espèce, existant dans les parties du globe très-éloignées les unes des autres.

Les impossibilités géographiques invoquées par M. Vogt, pour appuyer son opinion, n'existent qu'en conséquence de deux suppositions.

La première c'est qu'à l'époque de la dispersion des races humaines primitives, l'état de la superficie terrestre était tout-à-fait identique à l'état actuel; qu'identiques étaient également l'extension, la configuration, le nombre des continents et des îles.

A cette supposition on peut opposer le fait réel, qu'indépendamment de l'action volcanique, des éruptions et des soulèvements subits qui leur correspondent, eurent et ont encore lieu de nos jours des mouvements insensibles, mais continuels, de différentes parties de la croûte terrestre; des abaissements et des soulèvements des terres émergées sur le niveau ordinaire de la mer. Les observations de Darwin sont très-importantes à ce sujet, parce qu'elles démontrent que le fond de la mer Pacifique est en progrès continuel d'abaissement; en conséquence, tandis que quelques îles persistent, s'étendent, ou se forment, par la multiplication incessante d'une énorme quantité de colonies de polypes, d'autres peuvent avoir disparu; ce sont celles où les conditions ont cessé d'être favorables à l'accroissement des polypiers. Le nombre des îles du Pacifique était, sans doute, au commencement de l'ère actuelle plus grand qu'à présent; les distances étant moindres entre un lieu et un autre, il y avait ainsi une plus grande facilité de communication entre les îles que nous trouvons aujourd'hui trop éloignées les unes des autres pour que les habitants actuels puissent passer de l'une à l'autre avec leurs imparfaites pirogues.

La seconde supposition, pareillement gratuite, regarde précisément les moyens de navigation des peuples primitifs, qui, partant des contrées les plus anciennement civilisées de l'Asie, se seraient dirigés, à travers les mers, à la recherche de nouvelles terres, envahissant peu à peu l'Océanie d'une part, l'Amérique de l'autre. Parmi les nombreuses conjectures où nous conduiraient les données trop incertaines qui doivent nous servir de guide pour discuter cette question spéciale, il nous suffira de dire que la moins fondée de toutes serait celle qui prétendrait concilier avec l'état général très-ancien de culture et d'ordre civils des populations de l'Asie, une complète ignorance de l'art de la navigation.

L'Homme Américain est le grand écueil des naturalistes et des etnographes. L'opinion de M. Vogt qu'il constitue une espèce propre et absolument autocthone n'est pas nouvelle, et ce n'est pas le cas de rappeler ici ce qui a été écrit pour la soutenir ou la combattre. Il est certain que, par le nombre et la valeur des faits, prévaudra toujours l'opinion de ceux qui voient dans les populations indigènes de l'Amérique un rameau de la race Mongole primitive, et les font par conséquent venir de l'Asie. La question, ramenée au point de vue zoologique, serait décidée sans appel, dans ce sens. Il ne déplaira pas à M. Vogt que, pour un instant, on considère dans l'Homme l'organisation seule, et qu'oubliant la virtualité qui le met au-dessus de tout autre être créé, on en fasse un animal à inscrire dans les catalogues zoologiques. Mettons à présent les deux faunes en comparaison, celle de l'ancien et celle du nouveau continent : on verra que chacune d'elles se distingue par la prédominance des caractères particuliers répétés chez des espèces diverses et très-nombreuses, qui portent pour cela l'empreinte commune des régions dont elles sont originaires. Or, l'Homme physique se lie naturellement à l'Orang-Outang, au Chimpanzé, au Gorille de l'ancien continent, tandis qu'il n'a aucune connexion avec les quadrumanes de l'Amérique. L'Homme est incontestablement un type de l'hémisphère oriental.

Mais, de tout ce qui a été dit jusqu'ici, il résulte seulement que l'espèce humaine a pour patrie une région circonscrite du Globe, et la question de savoir si elle dérive d'un couple originaire ou de plusieurs couples reste encore intacte. Sur ce point, la science nous abandonne tout-à-fait, car le Dieu des croyants, ou le hasard des matérialistes, qui a donné la vie à chaque espèce, et à chaque espèce une patrie, peut aussi bien avoir créé d'un seul jet un couple seul, que dix, que mille. Cependant, comme l'idée d'un seul couple est la plus simple, l'esprit humain s'y abandonnne de préférence à tout autre. Devrait-il la repousser parce qu'il la trouve conforme à tout ce qui est écrit dans la Genèse?

Il est temps maintenant d'arriver à une conclusion et de rapprocher les données que nous avons recueillies. L'époque de la création de l'Homme remonte au-delà du dernier déluge géologique, ou, en d'autres termes, le déluge des géologues et celui des historiens sont un seul et même fait. L'espèce humaine uniforme qui peuplait la terre avant ce grand évènement ne fut pas détruite : quelques individus survécurent, et devinrent les pères des générations actuelles. Mais l'uniformité de l'espèce humaine cessa subitement après le déluge; diverses races naquirent, se séparèrent et se dispersèrent sur la surface de la terre.

Ici s'ouvre encore devant nous un champ très-vaste. A quelles causes attribuer les divers changements que subirent les caractères de l'espèce humaine, sa décomposition en un certain nombre de races distinctes? On sait la large part que l'on doit faire aux influences des nouveaux climats où émigrèrent les nations primitives; mais on sait aussi que ces influences bien examinées ont été reconnues insuffisantes à produire les effets qu'il semblait d'abord naturel de leur attribuer. Les changements qui se manifestèrent dans les populations transportées aux époques modernes, sous les climats les plus disparates, ne sont pas de nature à justifier cette hypothèse, car nous voyons, d'un autre côté, des races très-différentes se maintenir telles sous la même zône. La décomposition de l'espèce humaine originaire, en ses principales races ne peut être considérée comme *un effet* de la dispersion de l'espèce sur la surface du Globe, mais bien comme *la cause* qui l'a déterminée.

Or, que les conditions telluriques aient été profondément modifiées par la dernière révolutin géologique, comme par les révolutions antérieures, il n'est pas nécessaire de le démontrer ; que les espèces animales qui traversèrent saines et sauves la'période diluviale aient subi, dans les nouvelles conditions d'existence, des déviations dans leur type primitif, personne ne saurait le contester ; que ces déviations n'aient pas été uniformes, nous pouvons le conclure, d'après tout ce que nous avons vu se produire dans des conditions analogues, et spécialement, comme nous l'avons dit plus haut, par les variations que subirent les animaux domestiques transportés en Amérique. Ainsi, la connexion entre le déluge et la décomposition de l'espèce humaine, dans ses races primitives, nous semble démontrée d'une manière tout-à fait naturelle et évidente.

Il resterait maintenant à établir le nombre de ces races primitives, dont chacune s'est décomposée en races secondaires par l'effet des croisements et des émigrations successives dans les nouvelles régions du Globe. Sur ce sujet, les opinions des naturalistes et des etnographes sont très diverses ; toutefois la classification la plus naturelle des races humaines primitives est incontestablement celle adoptée par Cuvier, qui en compte trois : race Blanche ou Caucasique, race Jaune ou Mongole, race Noire ou Ethiopienne ; classification reçue par les historiens les plus considérables avec une simple différence dans les dénominations, pour faire de la race Blanche la race *Japétique*, de la Jaune la *Sémitique*, de la Noire la *Camétique*.

Ce qui est arrivé de l'Homme est arrivé des autres espèces d'animaux qui survécurent au déluge. Elles furent, en conséquence des changements introduits dans les conditions telluriques par ce grand évènement, décomposées en plusieurs races distinctes et permanentes, qui sont quelque chose de mieux que ce qu'on doit rigoureusement entendre par espèce en zoologie, quelque chose de plus que celles que nous disons variétés climatériques.

FIN.

EXTRAIT DU CATALOGUE

DE

# LA LIBRAIRIE LEIBER ET COMMELIN

### 13, RUE DE SEINE-SAINT-GERMAIN, A PARIS.

**Arnaudeau,** ingénieur civil, ancien élève de l'Ecole polytechnique. *Conférences sur les principales difficultés des mathématiques élémentaires*, suivies d'une Instruction sur les règles à calcul. Br. in-4, avec fig. dans le texte.　　　　　　　　　　　60 c.

**Bergery.** *Géométrie des courbes* appliquée aux arts, 2e édit., 1843, 1 vol. in-8 avec pl.　　　　　　6 fr.

**Breton** (DE CHAMP), ingénieur. *Traité du nivellement*, comprenant la théorie et la pratique du nivellement ordinaire et des nivellements expéditifs dits préparatoires ou de reconnaissance. 1848. 1 vol. in-8, avec planches.　　　　　　　　　　　　　5 fr.

**Cornuché,** ancien géomètre du cadastre. *Traité complet de géodésie pratique*, ou l'art de diviser les terres, précédé d'un Traité sur le calcul des surfaces planes, et suivi d'un précis sur la cubature des solides, avec diverses applications sur le métrage des bois, etc., 1857. 1 vol. in-12, avec 115 planches.　　　3 fr.

**Cours** *de dessin linéaire*, de lavis et de dessin à main levée, à l'usage des Ecoles de la Société de Marie ; 3 cahiers gr. in-4.
1er cahier, 25 planches.　　　　　　　　　　2 fr.
2e cahier, 25 planches.　　　　　　　　　　2 fr.
3e cahier, 31 planches, dont 10 lavées.　　4 fr.

**Dally.** *Cinésiologie* ou *Science du mouvement* dans ses rapports avec l'éducation, l'hygiène et la thérapie. Etudes historiques, théoriques et pratiques. 1857. 1 beau vol. gr. in-8 de plus de 800 pages, avec fig.　16 fr.

Prouver que le mouvement est le phénomène essentiel, fondamental de tous les actes vitaux ; que ce mouvement se produit sous l'influence des trois forces actives, l'électricité, la lumière et le calorique ; montrer que selon les modifications de ces forces, l'organe ou sa fonction s'altère ou se répare : tel est le plan de la partie scientifique de cet ouvrage.— Rechercher à travers les âges, les traditions relatives aux applications pures du mouvement ; démontrer l'existence non interrompue de ces procédés au traitement des maladies, chez tous les peuples et dans tous les temps : tel est le plan de la partie historique.— L'ouvrage est divisé en quatre parties : l'étude du mouvement dans les temps antérieurs à l'ère chrétienne ; l'étude du mouvement dans les temps postérieurs à cette ère ; un recueil des formes de mouvement mises en pratique par l'École médicale moderne ; enfin, le traité scientifique des formes de mouvement selon les doctrines de l'auteur, qui les présente comme le résumé des traditions des premiers âges de l'humanité.

**D'Harembert** (Armand). *Céphalométrie*, sa psychologie, sa morale et son application à l'éducation, ou l'homme âme, instinct et sens, expliqué par la connaissance de ses organes cérébraux. Tableau synoptique avec figures. 1855.												1 fr.

— *La Vérité*. Fusion du matérialisme et du spiritualisme opérée par la connaissance simultanée du magnétisme et de la phrénologie et démontrée par l'application de la nouvelle organographie du crâne humain sur la tête de la célèbre empoisonneuse H. Iegado. 1853. Broché in-8.												1 fr. 50

**Dumas**. *Etudes sur les inondations*. Causes et remède. Ouvrage couronné par l'Académie imp. des sciences de Bordeaux. 1857. 1 vol. in-8, avec pl.				4 fr. 50

**Du Moncel** (le vicomte Th.). *Exposé des applications de l'électricité*. 2e édition, 1856-57. 3 volumes in-8, avec planches.												26 fr.

— *Notice sur l'appareil d'induction électrique de Ruhmkorff*, et les expériences que l'on peut faire avec cet instrument. 2e édit. 1857. In-8, fig.						4 fr.

**Falcot.** *Traité* encyclopédique et méthodique *de la fabrication des tissus*. 2e édit. augmentée de plus du double. 1852. 3 vol. in-4. dont 2 de planches.				50 fr.

**Etudes** *des Races humaines*. Méthode naturelle d'Ethnologie, par M. *H. Deschamps*, docteur en médecine. 1857. 1 vol. in-8.												3 fr.

**Etude** *du magnétisme et de l'électro-magnétisme*, au point de vue de la construction des électro-aimants, par le vicomte *Th. Du Moncel*. 1 vol. in-8, fig. dans le texte.												5 fr.

**Gros** (le baron J.-B.-L. ). *Lettre sur la télégraphie électrique*. 1856. In-8, avec 18 planches.            3 fr. 50

Cette lettre donne une explication très-claire et exempte de
termes techniques de la télégraphie électrique ; 18 belles figures
gravées contribuent à en faire acquérir la clef aux personnes les
plus étrangères aux sciences.

**Grove** (William R.), membre de la Société royale de
Londres. *Corrélation des forces physiques;* traduit de
l'anglais par M. *l'abbé Moigno*, et augm. de notes par
M. *Seguin aîné*, correspondant de l'Institut. 1 vol. in-8.
                                      7 fr. 50

L'ouvrage de M. Grove n'est pas un Traité élémentaire de
physique, puisqu'il initie parfaitement à la connaissance de la
grande majorité des phénomènes mis en évidence par les phy-
siciens modernes. Il a un tout autre but, plus noble et plus
élevé, il considère les phénomènes d'un point de vue philoso-
phique, et au lieu d'en faire une analyse minutieuse, il essaie
de les réunir dans une grande et glorieuse synthèse.

**Guy,** ingénieur des travaux et professeur à l'Ecole des
arts et métiers de Châlons. *Instruction sur la règle à
calcul*, 3e édit. 1855. In-12 avec fig.            75 c.
— *La règle à calcul en buis.*                     6 fr.

Cette instruction fait connaître des méthodes simples, uniformes, applicables aux nombres entiers et décimaux et dans
toutes les opérations usuelles; l'auteur les enseigne depuis
plusieurs années à l'Ecole des arts et métiers, et elles font acquérir aux élèves une prompte habitude de l'instrument. Aussi
les deux premières éditions ont-elles été épuisées en peu de
temps. Cette troisième édition a été augmentée de formules
usuelles de géométrie et de mécanique.

**Harris** (Snow), membre de la Société roy. de Londres.
*Leçons élémentaires d'électricité,* ou Exposition concise
des principes généraux de l'électricité et de ses applications, traduites et annotées par *M. E. Garnault*, ancien élève de l'école normale, professeur de physique
à l'école navale de Brest. 1 beau vol. grand in-18, avec
70 figures gravées sur bois intercalées dans le texte.
                                      3 fr.

Cet ouvrage jouit, en Angleterre, d'une faveur que constatent
quatre éditions consécutives et qu'explique fort bien le mérite
éminent de l'auteur. Les principes de l'électricité y sont ensei-
gnés d'une manière claire et précise, et sont à la portée des personnes peu versées dans la physique. La traduction (que l'auteur
a bien voulu revoir) est digne de l'ouvrage. Le style de M. Garnault est facile et élégant : on ne croirait certes pas lire une traduction qui est cependant faite avec une grande fidélité. Les no-

tes qu'il y a ajoutées sont d'un grand intérêt, et ont rapport aux dernières découvertes.

**Histoire** *de la Télégraphie.* Description des principaux appareils aériens et électriques, par *A. Bonel*, 1 vol. in-12, ffg. dans le texte. 1 fr. 50

**Landois.** *Exposé des causes de la coloration des corps* et des lois constantes qui régissent la reproduction des couleurs, et Traité de l'électricité, du calorique, de la lumière, suivi de quelques mots sur le magnétisme animal. 1857. Br. in-8, avec planches. 2 fr.

**Leroyer,** chef d'institution. *Manuel des aspirants à l'école centrale des arts et manufactures.* — Première partie : Trigonométrie 1 vol. in-8, avec figures intercalées dans le texte. 2 fr.

**Manuel** ( nouveau) *de l'escompteur, du capitaliste,* du banquier et du financier, ou Nouvelles tables de calculs d'intérêts simples, précédées de la manière de les calculer à tous les taux : suivies du Calendrier de l'escompteur, qui donne le nombre de jours entre deux époques dans le courant d'une année. 1848. 1 volume in-12. 5 fr.

**Portefeuille** *(Petit) industriel,* ou Principes rationnels d'exploitation des arts agricoles, contenant l'Art du Brasseur, du Vinaigrier et du Distillateur d'eau-de-vie. 1842. In-18, avec planches. 3 fr.

**Prony** (le baron de). *Instruction élémentaire et pratique sur l'usage des tables de logarithmes.* In-18 br. 75 c.

**Tiffereau,** chimiste. *Les métaux sont des corps composés.* La production artificielle des métaux précieux est possible, est un fait avéré. Suivi de : Paracelse et l'alchimie au seizième siècle, par *M. Franck,* membre de l'Institut. 1855. In-12. 2 fr.

**Tripier,** Louis, avocat à la Cour impériale de Paris. *Plus de multiplications ni de divisions,* ou Table ramenant, sans l'emploi des logarithmes, la multiplication à l'addition et la division à la soustraction. 1856, 1 vol. in-8. 6 fr.

**Walferdin.** Sur les échelles thermométriques aujourd'hui en usage, abaissement du zéro de l'échelle centigrade à 40 degrés, etc. 1855. Br. in-4. 1 fr.

*Sous presse :*

# LA CRÉATION TERRESTRE

## LETTRES A MA FILLE

PAR

## M. le D<sup>r</sup> PH. DE FILIPPI

Professeur de zoologie à l'Université de Turin, membre de l'Académie
royale des Sciences, etc., etc.

### TRADUIT DE L'ITALIEN

### Par M. ARMAND POMMIER

---

TABLE DES MATIÈRES DE L'OUVRAGE.

des volcans. Volcans éteints. Connexion entre les soulèvements modernes et les anciens. Tremblements de terre. Changements lents et gradués dans le niveau de la surface terrestre. Temple de Sérapis. Alternement de couches marines et lacustres dans les formations géologiques.

LETTRE 13e. — La vallée du Pô, ancien lit de mer. Plaine actuelle. Anciens glaciers. Alluvions. Delta des fleuves. Dunes. Hollande. L'Adriatique. Le Pô. Dépôts diluviens. Sables aurifèrés et diamantifères.

LETTRE 14e. — La terre des champs. Sa base minérale. Terreau et tourbe. Sa formation. Sa puissance fertilisante.

LETTRE 15e. — Les lichens sur les pierres. L'air véhicule des germes organiques. Un petit monde dans une goutte d'eau. Origines des êtres organisés. Les diatomées. Les seuls êtres vivants prennent de la nourriture. Eux seuls meurent.

LETTRE 16e. — Hétérogénéité de structure dans les organismes. La cellule végétale. Structure de ses parois. Protoplasme et sa circulation. Transformation des cellules en fibres et en vaisseaux. Incessante reproduction des cellules.

LETTRE 17e. — Cellules du parenchyme. Substances qui s'y trouvent contenues. Fécule. Sucre. Lymphe ascendante (séve ascendante ou brute). Lymphe descendante (sève descendante ou élaborée). Fonction des feuilles.

LETTRE 18e. — La fleur. Le fruit. Les bourgeons. Les fleurs simples et les fleurs doubles. La graine. Les spores. Les trois classes des plantes.

LETTRE 19e. — La nourriture des animaux. La machine animale. La respiration. La chaleur source de vie. Le sucre et la bile d'une même source.

LETTRE 20e. — Importance des petits organismes. Les Foraminifères. Les Polypes. Les formations madréporiques.

---

Un beau volume grand in-18, avec des figures gravées sur bois intercalées dans le texte.

Beaune, imprimerie LAMBERT.

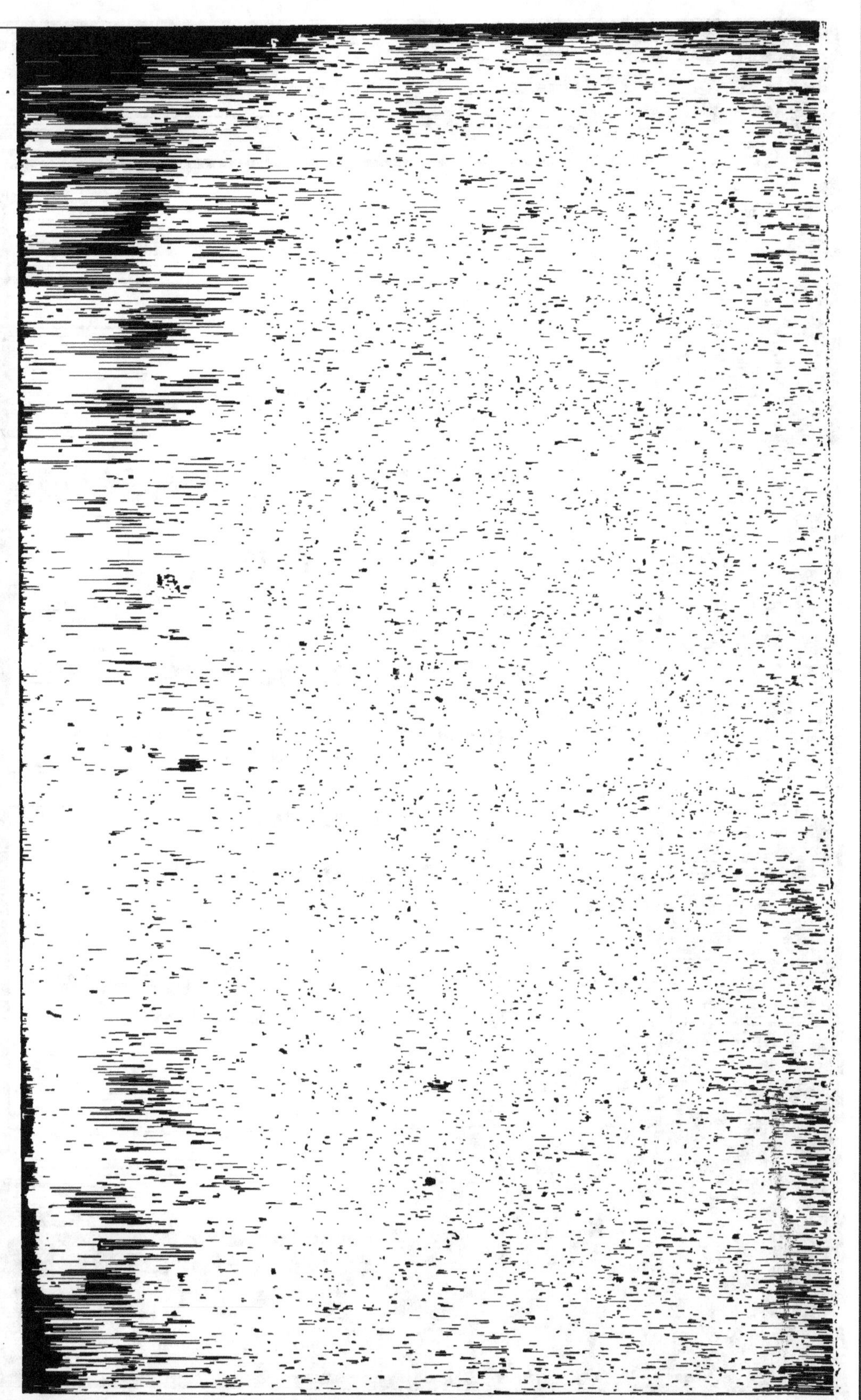

*SOUS PRESSE :*

# LA CRÉATION TERRESTRE

## LETTRES A MA FILLE

PAR

Par M. le D<sup>r</sup> PH. DE FILIPPI

Professeur de zoologie à l'Université de Turin, membre de l'Académie
royale des Sciences, etc., etc.

### TRADUIT DE L'ITALIEN

Par ARMAND POMMIER.

Un beau volume grand in-18, avec des figures gravées
sur bois intercalées dans le texte.